JN080853

言葉を使う動物たち

Dierentalen

Animal Languages

エヴァ・メイヤー
Eva Meijer
安部恵子 訳

柏書房

言葉を使う動物たち

バティル、ニム、ピーター、ほかのみんなのために

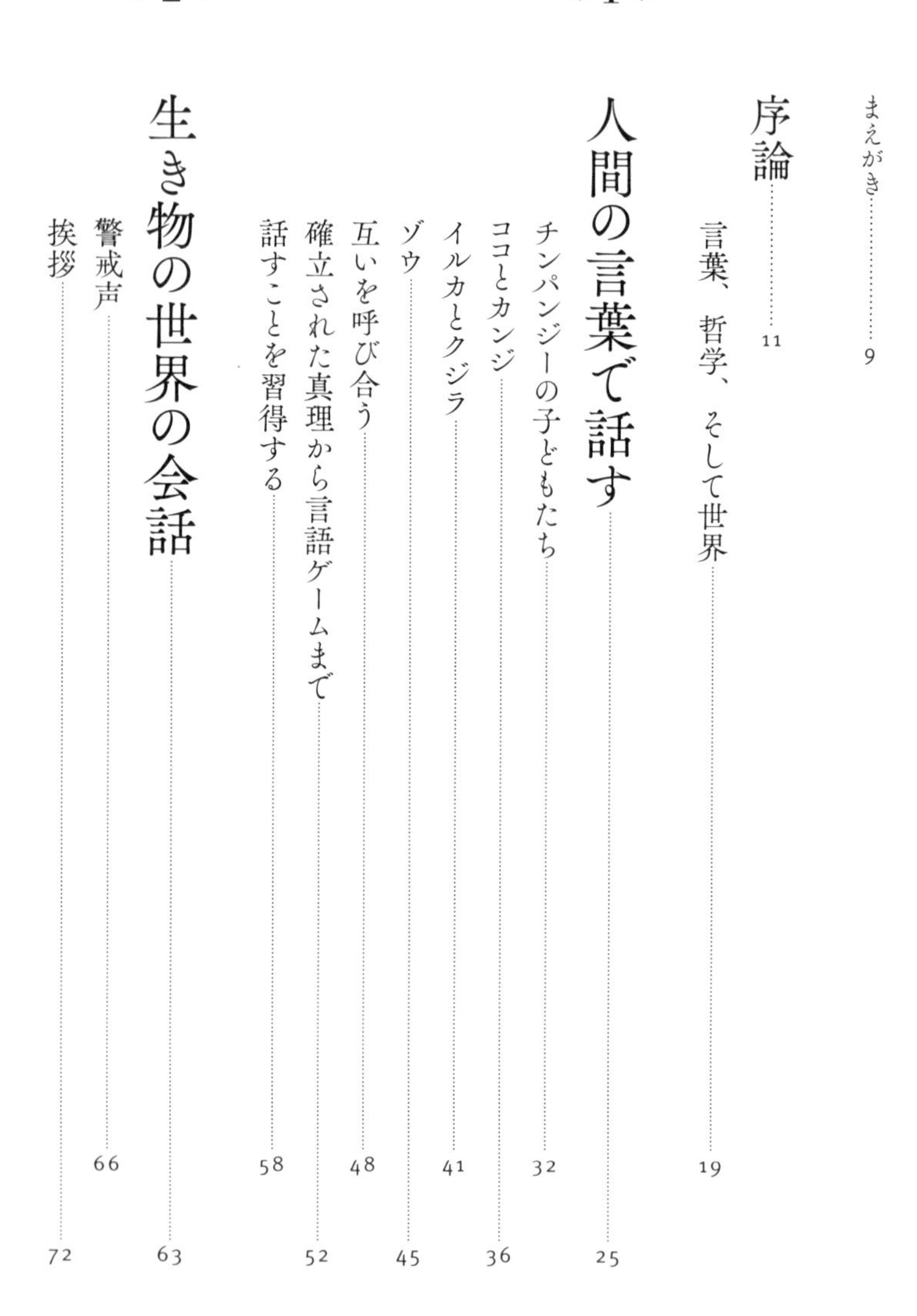

第3章 動物とともに生きる

第4章 体で考える

第5章　構造、文法、解読

第6章　メタコミュニケーション

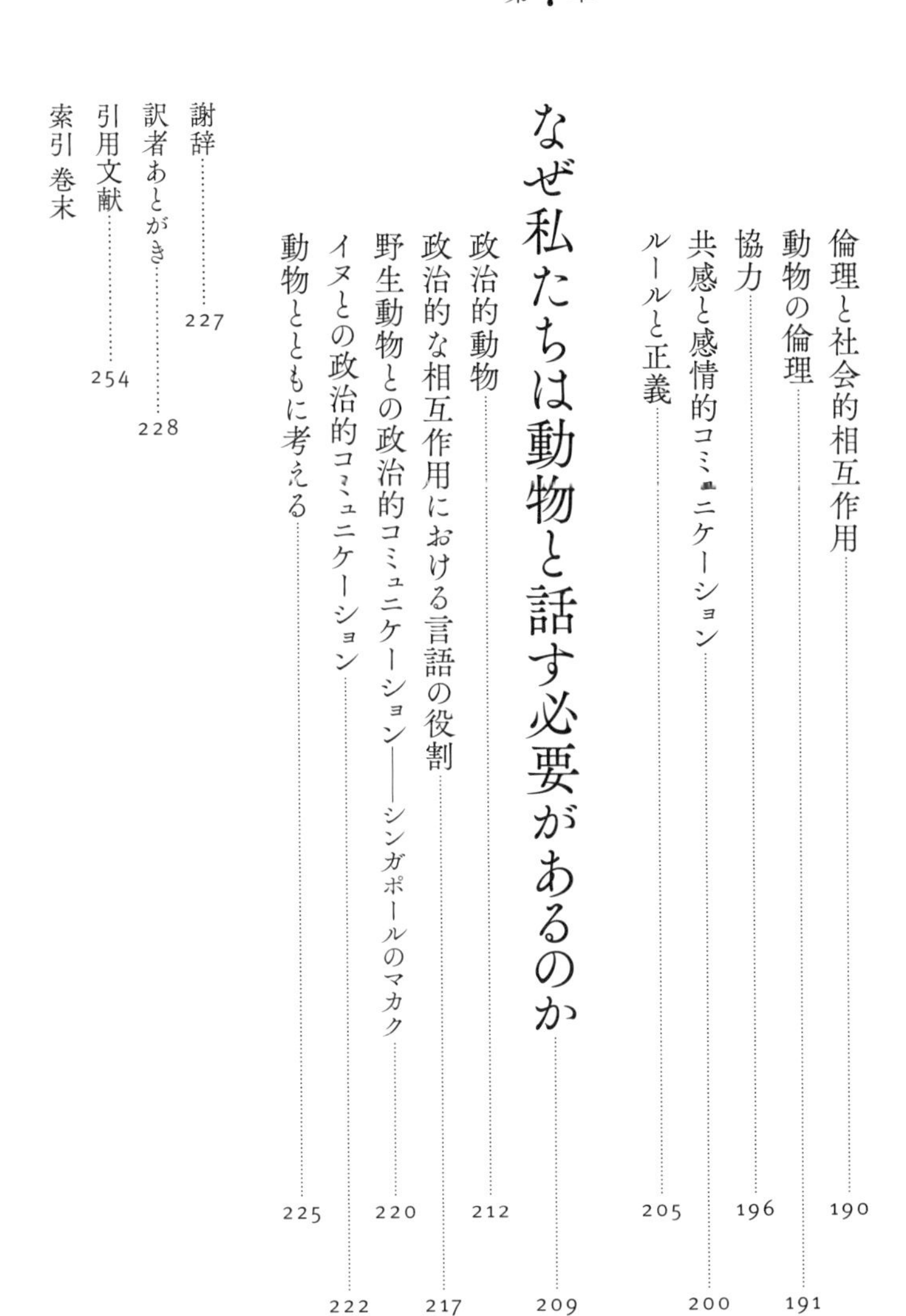

第7章 なぜ私たちは動物と話す必要があるのか

〔本書の表記について〕　本書で私は言語に関して、人間とほかの動物で序列づけをしないようにしている。そのため、人間以外の動物を説明する際に、型にはまった見方にならない言葉を選んでいる。たとえば、動物は通常「それ」と書かれるが、私は動物も人間と同様に、性別がわかれば「彼」「彼女」を使い、性別がわからなければ「彼ら」と表現する。動物を人間の所有物のように扱うことや、人間の「伴侶動物」を「ペット」と表現することも避けている。

まえがき

もしも運がよければ、あなたと話をしたいという動物に出会えるかもしれません。もっと運がよければ、時間をかけてあなたのことを知ろうとする動物にも、会える可能性があります。私の経験では、たいていの動物はおしゃべりしたくてうずうずしています。いつでも話す準備はできていて、しかも出し惜しみをしません。

親しいかかわりを持てる動物もいます。かかわるうちに、その動物についてたくさんのことを学べるだけでなく、言葉や私たち自身についても知ることができます。また、生き方について独特な見方をしている動物もいるので、そうした動物の目をとおしてものごとが見られれば、世界は違って見えてきます。多くの人々は、旅をすることで違う文化に触れ、新たな経験をして視野を広げます。けれども、文化はいたるところに存在し、見つかるのを待っています――アリやハト、ネコの文化から、ウサギやウシの文化に至るまで。

本書の原点は、私の子どものころにあります。小さい私にとって、人間だけでなくネコやモルモットやウマが重要な役割を果たしていました。とりわけ大きな存在だったのは、私が一二から一六の歳になるまでいっしょに人生を歩んだジョイという名のポニーでした。ジョイのおかげで、私は人間とほかの動物がたくさんの言葉を共有できることを知りました。また、私がおとなになったばかりのころは、イヌのピカが、イヌの仲間の言葉について、それから人生で大事なことについても教えてくれました。本書はピカがいなければ存在しなかったでしょう。今はイヌのオリィとネコのプチーが私といっしょに住んでいて、私が考えたり遊んだりする手助けをしてくれます。

私は哲学を学んでいたときに、伝統的な西洋哲学には動物がほぼ完全に不在であることに驚きました。思考は、人間の、人間のための人間についての活動として認識されてきたのです。けれども、今はそれが変化しつつあります。動物は、とりわけ倫理的な面で、またもっと最近では政治哲学の面からも、だんだんと考慮されるようになっています。ところが残念なことに、言語に関してはまだほとんど明らかになっていません。言葉からは動物についての洞察が得られ、人間以外の動物からは言葉についての洞察が得られます。動物の言葉を研究することで、ほかの動物の見方を、そして私たち自身についての見方を、これまでとは違ったものにできるのです。

序論

オウムのアレックスは一〇〇を超える単語を知っていた。それらを使って、物を数えて分類するなど、自分のできることをやって見せた。アレックスはジョークをいい、いくつもの単語を使って周りの人々の行動に影響を及ぼすこともした[1]。ボーダーコリーのチェイサーは、一〇〇〇以上の玩具の名前を覚えて、文法も理解した。野生のイルカはお互いを名前で呼ぶ。プレーリードッグは侵入者のことを表現する言葉を豊富に持っていて、人間の体格や衣服の色、あらゆる持ち物、髪の色を表現する。飼育されているゾウは人間の言葉で話せる。野生のゾウには「人間」を指す言葉があり、それは危険を意味する。クジラやタコ、ミツバチ、多くの鳥類の言葉には文法がある。マンティス・シュリンプ（別名カマキリエビ、シャコ目）は色を使ってコミュニケーションをとり、色チャンネルを一二個も持っているが、人間はたったの三個だ[2]。イヌは、野生の親族であるオオカミとは違って、人間の身振りを理解し、人間の表情に浮かぶ感情を読むことができる[3]。マーモセットは会話を交わして、子孫に同じスキルを教え伝える[4]。

人間は古代ギリシャ時代以来、今に至るまで、動物の言葉とコミュニケーションに注意を向けてきたが、動物行動学は、動物の振る舞いとコミュニケーションを科学的に研究する学問として一九五〇年ごろに本格的に始まり、近年では動物の言葉についての研究がますます注目を集めている。最近の研究では、以前に考えられてきたよりもはるかに複雑な方法で、動物どうしがコミュニケーションをとっていることが示されている。それにもかかわらず、動物に関するこの発見が何を意味するかはほとんどどこにも書かれていない。人間以外の動物のコミュニケーションは、「言葉」と呼べるだろうか？ 私たちは動物と話ができるだろうか？ 人間の言葉が特別なのか、あるいは、あらゆる言葉は動物ごとに特有のものだろうか？ そもそも、言葉とはなんだろうか？

本書で私は、動物の言葉のすべてを対象に全体像を示すことを目指しているわけではない——私たちはまだ、多くの動物についてはほとんど知らず、動物には膨大な数の種が存在して、それぞれが独自の言語、あるいは複数の言語を持っている。だがここで私は、動物の言葉の実証的研究と、それによって生じる哲学的疑問とを探求していく。動物の言葉は私たちの周りのいたるところに豊かに存在することを示し、私たちが動物について理解することで、彼らについての考え方をどのように変えられるか、探っていこうと思う。

動物の知能は、長いあいだ人間の知能の観点から測定されてきた。たとえば実験では、人間に比べて動物がどの程度うまくパズルを解くか、といったことを調べてきた。こうした種類のテストでは、動物は決して人間と同じ点数をとれない。なぜなら、動物の感覚はそういう発達をしてきたわけではなく、彼らが生き延びるには別のスキルが必要だからだ。逆もまたあてはまる。人間は共同作業が得意ではないので、アリの観点からは、人間はあまり優れているとはいえないだろう。ハトの観点からは、人間は空間認知が苦手だ。イヌの観点からは、人間はにおいを頼りに歩けない。第1章では、人間の言葉を動物に教えようとした実験を検討して、言葉の働き方について実験が何を明らかにしたかを探る。

生物学において知能は、種固有の課題を扱う能力として今では理解されている[5]。動物のコミュニケーションは、それぞれの動物に固有の生活環境に合うようにできていて、その動物の身体能力と認知能力に裏づけられている。たとえばクジラは、水中を高速で移動するときによく音を使う。海では嗅覚や視覚はあまり役に立たないのだ。ゾウは非常に低い音を使って何キロメートルも離れた場所にいる相手と連絡を取り続けることができる。一方、コウモリは飛び回ったり狩りをしたりするとき、非常に高い音を使って環境の情報を読み取る。これらの動物では、とても複雑なコミュニケーションシステムが発達していて、それがいくつもの点で人間の言語に似ている。第2章では、私は生き物の世界における動物の言葉に出会い、そうした言葉をさらに深く探ってゆく。

ふつう動物は人間の言葉で自己表現をしないので、人間はときとして、動物の考えていることを知る方法がないと思っている。私たちが人々を理解できるのは、人々が話すからだ。言葉のおかげで人々の心の中の世界を知ることができる。動物は話せないので、いつまでも謎のまだ。だが、私たち人間は、ほかの人間が考えたり感じたりしていることをそもそも正しく理解しているのだろうか、と疑問に思うこともあるかもしれない。言葉は誤解を招きかねない。誰かに好きだといわれても、あとで否定されることもあるだろう。誤解が生まれることもある。大好きだといわれて恋愛の意味だと思っても、相手はたんなる友達としての意味だったということもあるだろう。言語は明白ではないし、人間もまた同様だ。人間が考えていることの確かな証拠は決して得られない。それどころか、誰かが考えているという証明はまったくできないという哲学者もいる。さらに、ある一匹の動物がいて、特定の種に属することから、その個体を理解したと決めつけるのはなぜなのか、と疑問に思うかもしれない。人間はレッテルを貼ってすましがちだ。だが、人間以外の動物は別のやり方で自己を表現し、異なるやり方で世界を知覚するにもかかわらず、それでも私たちと共有するものがたっぷりある。理解する内容が種で決まるわけではなく、社会的要因が重要になる。あなたがある動物をよく知っているなら、たとえば、その動物が自分の家でともに暮らしている伴侶動物なら、まったく違う文化圏からきた人間よりもその動物のほうがよく理解できる場合が多いだろう。第3章では、私たちと生活をともにする家畜化された動物（イヌ、ネコ、モルモット、オウム）や畜産動物（ヒツジ、ブタ、ウシ）と、人間とのあいだで交わされる会話について検討する。次の第4章では、思考における体の役割を探り、動物研究のための現象論的な方法を考案する。

第5章では、動物の言語構造をさらに深くまで探る。長いあいだ、人間の言葉だけに文法があり、動物の言語はおもに感情の直接的な表現だと考えられていた。だが、そうではないことが最近の研究で示された。動物の言語にもときには複雑な構造があって、象徴的な表現や抽象的な表現がありうるし、過去や未来の状況や動物たちの力の及ばない状況にも、言語以外の何らかの方法で言及することができる。

動物が互いにコミュニケーションをとる方法の一つは遊ぶことで、動物は遊んでいるときにその遊びについて何かを話すこともある。第6章では、遊び、言語、メタコミュニケーション、およびルールの関係に注目して、動物の道徳性について考察する。

動物の言語について考えることは、現実離れした話のように思われるかもしれない――コミュニケーションの形は、私たちのものと動物たちのものとでは大きく異なり、人間の言語は非常に高度で、動物には決して到達できないもののように見える。しかし、女性は政治的決断をする理性や能力に欠けると考えられていたのも、そう昔ではない[6]。住んでいる土地を植民地にされた非ヨーロッパの人々も、かつては議論の参加者としてまともに受け入れられてはいなかった。たとえば、オーストラリアのアボリジニ族は、ヨーロッパの入植者の法令システムに則っていないという理由で、財産権が認められなかった。第7章では結論として、言語の政治的役割を取り上げる。動物の言語について考えて、動物とともに言葉を使うことは、新たなコミュニティと関係を築き、私たちの社会における動物の地位を批判的に見るのに役立つだろう。

言葉について言葉で書くとき、あるいは言葉について言葉で考えるとき、その言葉自体がつねに影響するので、言葉の研究は複雑なものになる。言語哲学者のルートヴィヒ・ウィトゲンシュタインはそれを、人が指でクモの巣のほころびを修繕することに喩(たと)えている。[7] 言語は人の判断を誤らせることがある。言語の形態が、同じでないことを同じと見なすからだ。「動物」という言葉を例にしてみよう。この言葉によって、一方にはすべての人間がいて、他方にはすべての動物がいて、そのあいだに境界が存在するかのように見えてくる。だが、哲学者のデリダが論じたように、ゴリラとクモの共通点のほうが、人間とゴリラの共通点よりも少ない。[8] 古代エジプト人は、動物の種のそれぞれに名前をつけていたが、人間を除いたすべての動物をまとめて指す集合名詞を持たなかった。[9] 私たちはすべての動物をひとくくりに表せる単語を持っているので、その結果として、人間とほかの動物種との境界をより強く感じている。さらにこの知覚には、人間中心主義という、人間を生物の中心だとする考え[10]を強化する効果がある。これは、動物に対する迫害や暴力にさえつながりかねない。

言葉には力がある。私たちが使う言葉は、私たちの文化に存在する信念を反映し、信念に影響も与える。言語は現実を表現し、現実を形作る。動物の哲学者は人間と動物のあいだに境界があることを指摘するために、人間と「ほかの動物」について、あるいは人間と「人間以外の動物」について文章を書いている。[11] 本書ではどちらの書き方もする。ほかの動物を指してただ「動物」と書くときは、そう書いたほうが簡潔で、何を指すかが明らかな場合だ。私は人間が動物ではないとか、人間という種が特別だとはいっていない。すべての種が、それぞれなりに特別なのだ。

とはいえ、言葉は誤った方向に導くだけではない。異なる世界を結びつける架け橋にもなる。動物について多くのことを学ぶほど、動物とうまく交流できるようになるだろう。動物の処遇を改善したいと思う人間も出てくるだろう。私たちは言葉を利用して自分や世界を理解するので、言葉について考えることが、ほかの動物と交流するにあたっては有望なツールになる。彼らが何をいっているのかをもっとよく理解することで、彼らにもっと目を向け耳を傾けることで、彼らの世界と経験に関してもっと多くの洞察を得られる。私たちが自分のいうことをもっと上手に——動物にも理解できる方法で——説明することで、新たな共有世界が作れる。その結果、すべての動物とすべての人間が完全に仲良くいっしょに暮らせるようになるというわけではないが、それは人間がすべてのほかの人間と仲良く暮らせるわけではないのと同じことだ。それでも、ともに生きること——そして、そのような共生が避けられないこと——にはつきものの現実的問題をいくらか解決する方法を見つけ、人間の支配する世界での新たな関係を探し求めやすくなるだろう。

動物の言葉について書くと、動物の擬人化だとして、つまりほかの動物に人間の特徴を持たせているとして、非難を受けることが多い。人間の見方を動物に仮託した望ましくない非科学的方法だと考えられているのだ。そのような擬人化がなされている場合ももちろんあるが、だからといって、私たちがほかの動物の考えや感情について何もいえないわけでもなく、私たちが特定の特徴について研究するときに無意識に彼らを人間らしくさせているわけでもない。実際のところ従来の考えは、私たちが批判の目を持ち柔軟に考え続けていく限り、ほかの動物を研究するのに役立つこともある。その上で、ある程度は擬人化を避けられない。私たちは人間として、人間のものの見方を生まれながら持っている。客観的実在という、宇宙のあらゆるものが見える地点に、私たちが至ることはないのだ。ほかの動物の中にある人間の特徴を認めないこと――別名「人類学否定」――は、実態を見えにくくしやすい[12]。長いあいだ人々は、動物（と人間の赤ちゃん）が痛みを感じるかどうか疑わしく思っていた。感じないとする科学者は今ではほとんどいないが、この懐疑的な見方は、多くの動物に苦難をもたらした。

言葉、哲学、そして世界

言葉は人々についての私たちの考え方に重要な役割を果たす。西洋の伝統を受け継ぐ多くの哲学者は、言葉が人間に特有なものと考える。言葉は私たちの人間としての基盤だと信じる哲学者さえいる。アリストテレスは、善悪の区別をするには言葉を自由に使える能力が必要なので、その能力により誰が政治共同体に所属できるかが決まると論じた[13]。デカルトの場合は、動物は話せないという事実から動物は考えないと思い込んでいた[14]。啓蒙哲学者のカントは、動物はロゴス（理性）を持たないので道徳の共同体に入らないと断定している[15]。現象学者のハイデッガーによれば、世界の中の私たちの居所では言葉が極めて重要なので、言葉を持たない者は死ぬことができずにただ消えるだけ、ということだった[16]。こうした哲学者たちはみな、言葉を人間の言葉として定義しており、自ずと動物は除外されている。彼らにとって言葉は思考そのものに結びついていて、言葉を理性の表現として見ていた。

これらは今もなお、現代の人間社会と人間の政治における重要な問題だ。人間以外の動物は人間の言葉で話さないので、人間は動物が政治的に行動できないと思っている。その結果として、政治や法律のシステムにおいて、動物の地位は現状のようになっている。私たちが動物のことを理解しない場合は、彼らのコミュニケーションには意味がないと見なされがちで、彼らが私たちのことを理解しないときには彼らが愚かだと考えられてしまう。動物は権利を持たず、人間は彼らに耳を傾けず、人間社会は人間の欲求と必要を優先するのが、理にかなっているように見えるかもしれない。問題は、多くの動物の生活のかなりの部分を人間が決めることだ。家畜化された動物は、人間とともに生活していて選択や成長の自由がほとんどないことが多く、野生の動物は、人間による自分たちの縄張りの占領や汚染といった影響に対処している。

動物についての考え方は、彼らの処遇の仕方につながりがある。デカルトを例としよう。彼は動物には魂がないと考えた。そう推定したのは動物には知性がないことからで、知性がないと推定したのは話ができないことからだ[17]。デカルトは、声でのコミュニケーションがとれない聾(ろう)の人々でもなお、何らかの方法で人間の言語により自分を表現できると書いている。そして、口がまったく利けない動物は真に愚かであり、それは自分を表現することがまったくできないからだという。カササギを例にあげて、動物が言葉を復唱するのは、報酬を得るための特定な行動をとる気にさせる本能に基づいているという。デカルトは、体は純粋に機械的なもので、時計のように動くと考えた。つまり、動物は魂を持たないゆえに、たんなる体であり、実際に機械の一種である、というわけだ。それを理由に、彼は動物をbêtes-machines（動物機械）と呼んだ。そして、動物がたんなる物体なら、苦痛は感じることはできない。動物にナイフを突き立てれば叫びをあげるかもしれないが、それは苦痛の表現ではなく、たんなる機械的な反応ということだ。デカルトは体がどのように動くのかに興味を持ち、今日もなお続いている動物実験に先鞭をつけた。

ほかの動物が言葉を持つかどうかの見極めは、おもに実証的な研究をするかどうかにかかっているように思われる。ところが、こうした研究によるデータは、つねに解釈を要する。動物が出せる答えは調査の質問にかかっていて、その質問は社会的バイアスで歪んで動物に伝わっているのだ。

哲学は、ものごとが本当はどのように働くのかを調査するツールになりうる。一つには、従来の判断や意見は、多くの人々が真実だと思い込んでいるだけで、自動的に真実にはならないという点から、哲学は重要な意味のあるプロジェクトとしてのツールといえる。もう一つとして、思考は経験に新たな光をあてて、世界の理解を変えうるという点で、哲学は実験的ツールといえる。ウィトゲンシュタインは、哲学の務めは私たちに現実を違った目で見るよう仕向けることだと述べている。私たちは言葉と動物について考えることで、動物と言葉を違った目で見ることが可能になる。

本書では、さまざまな種類の知見を利用する。それには、生物学と動物行動学の実証的研究、動物研究や動物地理学のような動物に着目した新しい学問領域から得られた見解、そして哲学の中のさまざまな分野が含まれる。私の出発点は、動物が言葉を持っているということだ。このことは、長いあいだ信じられていたことに反していると同時に、私の採用している理論的立場の根拠でもある。私はここで人間と動物の地位について取り上げるが、従来の考えには批判的であり、動物に関する西洋の哲学的伝統から、地位の解釈を見直す。そして、動物とのコミュニケーションは可能であり、動物の言語は研究に値するという考えに基づいて、その他の文献について検討する。動物が私たちとは違うやり方で自分を表現しているからといって、彼らが声に出すものに意味がないわけではない。別の種に属しているから真剣に受け取らないのだとすれば、それは道徳的見地からは種差別という差別の一種だ。たとえばイルカは社会的な動物で、互いにコミュニケーションをとっていることがよく知られている。イルカの言葉は私たちには理解しづらく、彼らの高周波音声を記録し解釈するツールとして新しいテクノロジーが利用されている。彼らが話していることを正確に理解できるようになるかどうかは、やってみなければわからない。それでも、彼らのコミュニケーションに意味がほとんどなくて自分たちのもののほうが複雑だと決めつける態度は、傲岸なのはもとより、科学的でもないだろう。

言語の探求に必要なのは、広く浸透している偏見を詳しく調べて、必要な場合には変えさせることだ。動物は、向けられる質問によって答えられることが左右される。あなたが動物は言葉を持たず、意味のあるコミュニケーションをとれないと想定していれば、あなたの実施する調査は、まったくそのとおりだということが証明される可能性が極めて高くなる。しかし、動物はコミュニケーションをとるし、そのやり方は複雑だろうと想定していれば、あなたはさまざまな質問をするだろう。言語の研究では、動物どうしがどのようにコミュニケーションをとっているかを見いだすだけでなく、どのように私たちとコミュニケーションをとるかを調べることも重要になる。哲学で発展してきた概念や思考をツールとして使えば、既存のコミュニケーションを解明し、人々が自分のことをもっとじっくり考えるきっかけになるだろう。

第1章

人間の言葉で話す

オウムには多くの言葉を学習する能力があることは、よく知られている。彼らが人間の言葉を繰り返すことから、私たち人間は誰かが人の言葉をそっくりそのまま返すことを「オウム返しにする」という。数年前、オランダの新聞『NRCハンドルスブラット』の最終面に、ひどい咳をするオウムについて獣医が書いた逸話が掲載された。獣医が診察したとき、そのオウムには特に悪いところがなかったのだが、その晩は様子を見るために病院で預かった。翌日、引き取りにきた飼い主は病院に入る前に立ち止まり、タバコを吸ってひとしきり咳をした。するとオウムはこれを完璧にまねしたのだった[1]。

オウムは体のつくりから、人間が声に出した言葉をそのまま繰り返していうことができる数少ない動物の一つだが、言語的な能力としては、ただまねするだけの能力だと思われていた。オウムに「コンニチハ」と話すのを教えることはできるが、たんにそれだけのことだった。一九七八年に心理学者のアイリーン・ペッパーバーグは、アレックスという名前のヨウム（オウム目インコ科ヨウム属）で実験を始めた[2]。オウムが言葉を学習するかどうかを調べたいと考えた彼女は、鳥どうしでのコミュニケーションのしくみに基づいて仮説を立てた。オウムでは言葉の学習は行動と強く関係する。ペッパーバーグは言葉を教える際に、報酬をアレックス自身に決めさせ、言葉と使い方を関連づけながら学習させた。そのため言葉を習得することで、アレックスは自分の周囲をそれまでより強くコントロールできるようになった。報酬として欲しい食べものを示し、休憩をとりたいときや外に出たいときにその希望を表明できるようになった。ペッパーバーグはそれを利用して新しい言葉を教え、アレックスが考えていることを見抜けるようになった。

こうして、アレックスは語彙をおよそ一五〇単語まで増やし、五〇個の物体を覚えることができた。それらの物体について彼は理解して質問に答えられるようになった。そして色や形、材質、機能を認識できるようになった。たとえば、彼は鍵が何のためのものかを理解した。新しい鍵でも、それが違う形をしていても、鍵として理解した。彼は概念も理解して、「オナジ」「チガウ」「オオキイ」「チイサイ」「ハイ」「イイエ」などを示すことができた。アレックスは飽きると、ときどき故意に間違った答えを返した。あるときは、ペッパーバーグが3番の積み木の色を尋ねると、彼は「5」と返答したが、それは一つ前の質問の答えだった。これを繰り返し言い続けて、ようやくやめたのは、彼女が5番の積み木は何色かと質問したときだ。これには「ナシ」と答えたのだ。アレックスは数も数えられて、「ゼロ」の概念も理解し、構文のしくみがわかって、単語を組み合わせることができた。ペッパーバーグと助手が間違えたことをいうと、アレックスは訂正した。アレックスはひとりでいるときに、言葉の練習をときどきしていた。アレックスはペッパーバーグに、自分の色は何色かと尋ねたことがある。オウムにしてはかなり実存的な疑問だ。

鳥類学者のジョアンナ・バーガーは、オウムとの別なタイプの関係を描写している。[3] 彼女が引き取った一三歳のチコは、不機嫌で気難しくてときには敵意すら向けてくる鳥だったが、とても愛情深いオウムに変わっていった。彼はバーガーを自分のパートナーと見なし、発情期になるとバーガーに対して求愛行動を示し、バーガーに夫が近づきすぎると夫にけんかを仕掛けてきた。チコの前の飼い主は話すことを教えず、バーガーもやってみようとしなかった。しかし、コミュニケーションは豊富で、なかには言葉を伴うものもあり、チコはそうした言葉の多くを理解していた。バーガーが仕事にいくことを知らせると（それは日によって違う時間だったが）、いつも彼は自分の部屋に戻っていった。「コンニチハ」「イイコネ」といったオウムの標準的語彙で話すこともした。チコは焼きもちを焼いていないときには、バーガーの夫のマイクがギターを弾くのに合わせて口笛を吹くのが好きだった。また、自分が何かを壊したり盗んだりしたせいでマイクが怒っている、と思ったときにも口笛を吹いた。そうするとマイクの気が逸れて、機嫌を取り戻すことができるのを知っていたのだ。チコはいろいろな種類のおしゃべりを生かして、さまざまな気持ちを表現していた。バーガーが電話で話していると、それに加わりたがって大きな声をあげた。

動物行動学者のコンラート・ローレンツも、オウムが自分たちで言葉を教え合うことについて書いている。[4] オウムは適切な瞬間に「オハヨウ」ということなど、人間の習慣や行動に対する感受性を持ち、それに加えて、オウムに影響のある出来事があると、自発的に特別な音声を覚え込んでしまうこともある。ローレンツはこれをボウシインコのパパガロの逸話で描写している。多くの鳥は上からくるものに怯えるが、それは彼らに猛禽類を思い出させるからだ。煙突掃除人に初めて会ったとき、パパガロは震え上がった。その数か月後の二回目のときには、煙突掃除人が近づいてくるのを見ると「エントツソウジガキタヨー、エントツソウジガキタヨー」と声をあげた。パパガロは料理人が「エントツソウジ」と口にするのを聞いていたらしく、前回きたときのことが強い印象に残っていたのでそれを思い出したのだ。

オウムは物まね――ほかの種の模倣――において、言葉を使うだけではなくそれ以上のことをする。バーガーはオウムが脚を振って人に挨拶し、出かけるときにはコートを羽織るようなしぐさをすると書いている。会話の適切な時点に首を振ったりうなずいたりするオウムもいる。バーガーによると、野生のオウムも同様のことをするという。野生のヨウム二羽の記録では、二〇〇種類を超えるさまざまなパターンを示し、そのうち二三種は鳥類のほかの種の模倣で、その一つはコウモリだった。この物まねは野生でほかの鳥を欺きたいときの便利なトリックで、何かを盗みたいときや攻撃されたくないときに使う。

社会心理学で、物まねは人々が無意識に他人を模倣する現象でもあることが示されている。人間は笑ったり、あくびをしたり、脚を組んだり、顎に手を添えたりするような姿勢や身振りを知らず知らずのうちにまねている。すべて伝染するのだ。人間はしばしば別の誰かを無意識にそっくりまねて、指摘されたとたんにそれをやめる。[5] 人とつながり合っている感覚を持っていたり、同じグループの一員だと思っていたりする人々は、まねをする頻度が高い。まねをするとお互いの理解が深まって連帯感が強まることもあり、感情的な波長がよく合うようになる。[6] ミラーニューロンはサルにも見つかっている。ミラーニューロンとは、サルが別のサルと同じ動きをするときに活性を示す脳細胞だ。人間は、別の誰かの行動を見ているとき、その行動をするとき、その行動について考えるときで、脳の活性化する部分が重なる。[7]

人間の場合と同じで、アレックスとチコの物まねは、違う文脈では機能も違いうる。敵に向き合うときには、一種の自己防御になるだろう。バーガーが述べたように、人間との関係で模倣が生じるときは、人間どうしで模倣が生じるのとまったく同じように働く場合もありそうだ。つまり、相手とよりよく波長を合わせようとして、あるいは親しさの表現としての模倣ということだ。ペッパーバーグとバーガーは、オウムがオウムたちのあいだでも、人間とのかかわりでも言葉を発達させられることを示した。そうした言葉は人間の言語とは違うが、意味は人間とオウムのあいだで伝わりうる。ペッパーバーグは、アレックスが英語を話せると主張しているのではなく、アレックスが言葉と概念を使っていて、それが彼の理解力と知能を示していることをたんに述べている。このように区別した上で、オウムが使用する言葉と意味のつながりは、人間の場合の言葉と意味のつながりよりも、いっそう強いことを示した。ペッパーバーグの体系的な研究は、動物研究者と一般の人々の昔からの通説——オウムは本能のままに行動するという考えを覆したのだ。

誰でも知っているように、イヌと伴侶（飼い主）の人間はだんだん似てくることがある。この現象はまねで説明できるだろう。つまり、人間とイヌは無意識にお互いの表情やボディランゲージをまねるので、顔や体の形は似ても似つかないのに見た目が似てくるのだ。

チンパンジーの子どもたち

一九二〇年代に人々は、人間以外の霊長類の助けを借りて言語とその発達について研究することに興味を持つようになった。人間とほかの霊長類は遺伝学的に近縁種だ。話す能力がそもそも生まれつきの問題なのか、文化による問題なのか、という疑問の答えを見いだすために、彼らを利用する新たな種類の実験が考案された。チンパンジーを人間の家に連れてきて、人間の子どもとして育てるという実験で、その多くは結婚している動物研究者カップルにより実施された。この方法で最初に育てられたのがグアだった。彼女は七歳と半月だった一九三〇年に、ウィンスロップ&ルエラ・ケロッグの家にきて、彼らの息子で当時一〇か月だったドナルドと同じように育てられた。グアは話せるようにはならなかった[8]。ヴィキは、一九四四年にキース&キャサリン・ヘイズに迎え入れられた。ヴィキの下顎を操作することも含め、彼らが言語療法を集中的に施したこともあって、ヴィキは四つの単語を学んだ[9]。以上の二つの実験はほとんどうまくいかなかったので、当初は、ほかの霊長類は知能が言葉を習得するほど高くないと考えられた。のちには、彼らは喉の構造が人間と違うので、言葉をはっきり発音できないと考えられるようになった。そのため、新しい実験では、発音の代わりに手話が重点的に取り組まれるようになった。

ワショーは、人間のもとで成長した最も有名なチンパンジーだ。彼女は野生で生まれて宇宙実験のためにアメリカ空軍によって両親から引き離され連れてこられた。アレン&ベアトリクス・ガードナーは、ネバダ大学で行われている実験のために、ワショーを自分たちの家へ連れて帰った。そして彼女を子どものように育てた。服を着せ、同じテーブルでいっしょに食事をとり、車でいっしょに出かけて、外で遊んだのだ。彼女は玩具や本、自分の歯ブラシを持っていた。手話の学習は成功を収めた。ワショーはきちんと教わったことを習得しただけでなく、人間のあいだで交わされる身振りを観察して自分でできるようにもなり、自分で言葉を思いつくこともあった（たとえば、水と鳥の身振りを組み合わせて白鳥を示した）。彼女は「イヌ」の手話ですべてのイヌを表せることを理解したし、簡単な文章も作ることができた[10]。ワショーが五歳のときにガードナー夫妻は、自分たちの研究はもう十分だと判断して彼女を研究所に移し、彼女は亡くなるまで研究所で暮らした。

研究所では、ワショーの言語能力についての研究がさらに行われて、最終的に彼女は二五〇個の手話を習得した。研究者らは、彼女が考えたり感じたりすることについても学んだ。ワショーは鏡に自分が映ることを認識し、ほかのチンパンジーに会うと驚いた。新しい学生が彼女の実験をするために現れると、故意に手話をゆっくり示して学生がついてきやすいようにした。ワショーの飼育係の一人が妊娠していて、数週間こないことがあった。その女性が戻ってきたときに、ワショーは彼女を見て動揺し、彼女に気づかないふりをした。彼女は自分に何があったのかをワショーに説明することにして、自分の赤ちゃんは亡くなったと手話で示した。ワショーは、初めは逸らしていた視線を彼女に向けて、泣いているという手話を丁寧に示した。チンパンジーは泣かないが、ワショーは人間が悲しいときにどうするかを学習していたのだ。その簡単な身振りがワショーの心の中の世界について、記録できないほどのことを教えてくれたと彼女はのちに語っている。

ニム・チンプスキーもまた、人間に育てられたチンパンジーだが、使えるようになった手話はワショーよりもはるかに少なかった[11]。心理学者のハーバート・テラスは自分の取り組んでいる実験で、ワショーの言語能力の研究が無効なことを示したいと考えた。ニムは七人の人間の子どもがいる里親家族のもとで育てられたが、彼にとっては整った環境とはほど遠かった。ニムが思春期になると、周りの人々に噛みつく事故が何度も起きたので、結局、テラスはニムを研究所に連れていって研究を継続した。ニムは一二五の手話を身に着けた。だが、ニムはこれらをオペラント条件づけで学んだので、言語能力が表現されたかどうかは疑問に思われた。ニムが手話をしたのは、正しくできれば報酬がもらえたからであって、何らかの理解をしたから、というわけではないというのだ。テラスはもちろん研究の目的のとおり、ニムが自分のやっていることを理解していないと主張した。研究が終わると、ニムは製薬会社の研究所に送られ、そこで製薬実験のために利用された。最終的には、彼はシェルターに引き取られ、そこで二六歳で死亡した。

ほかのチンパンジーは、家庭ではない環境で研究に加わった。一九六七年にサラとそのほかのチンパンジー三頭は実験室で、記号の並びによる文章を分解したり作成したりする学習を始めた[12]。ボードにプラスチック製の記号をつける方法によって、文法をいくらかと簡単な文章を覚えた。二〇年間勉強を続けたサラは、極めて有名な研究用チンパンジーだ。ほかにも有名なチンパンジーとしては、カーミット、ダレル、ボビー、シーバ、キーリ、アイビー、ハーパー、エマがいる。彼らの多くは今ではチンプヘブンに棲んでいる。このシェルターは、アメリカに残っている研究用チンパンジーすべてに、幸せな暮らしを提供することを目指している。

ココとカンジ

チンパンジーの実験に加え、ほかの霊長類についても言語能力の研究が行われた。ゴリラのココは、一九七一年にサンフランシスコ動物園で生まれた。フランシーヌ・パターソンはココを使ったゴリラの言語の研究で博士論文を書き、ココが死ぬまでココとの研究を続けた[13]。ココが有名になったのは、彼女がネコを伴侶動物としていたからだ。そのネコにはしっぽがなかったので、彼女はそのネコを「オールボール（ボールそのもの）」と呼んでいた。また、ココは一〇〇〇以上のゴリラ手話を使いこなし（ゴリラ手話は人間の手話に似ており、パターソンが自分の教えた手話をそう名づけたのだが、ゴリラの手の形は人間と異なるので、人間の手話とは形が異なるものもある）、二〇〇〇以上の人間の言葉を耳で聞いて理解した。ココはジョークをいうのが好きで、物覚えがよかった。ココが手話を習得して自分の記憶を伝えられるようになったおかげで、ゴリラがどのように世界を経験するのかが、人間にも理解できるようになった。オスのゴリラのマイケルは六〇〇ほどの手話を知っていたが、そのいくつかは、彼がココといっしょに暮しているしばらくのあいだに習得したものだった。マイケルは手話を使って、物体を表現するだけでなく、自分の感情や夢、記憶を伝えることや、さらに嘘をつくこともした。彼が手話で伝えた記憶の一つは、幼いころに自分の母親がカメルーンで密猟者に殺されたことだ[14]。また、マイケルは絵を描くことが好きだった[15]。

カンジというボノボはココの映像を見て手話を覚えた。彼のトレーナーは、彼が突然、人類学者と手話でコミュニケーションをとり始めたときに、彼が手話を使えることにようやく気がついた。カンジは、ボノボが人間やボノボからだけでなく、ほかの霊長類を見ることでも、言葉を学べることを示したのだ。すでにカンジは養母のマタタのレッスンを見て、レキシグラムという絵記号を学んでいた。それは、ヤーキーズ語という霊長類用の人工言語に用いられるキーボード上の絵記号で、チンパンジーやボノボとのコミュニケーションに利用される。カンジは二一〇のレキシグラムを知っていて、ヘッドフォンで言葉を聞くと正しいボタンを押した。カンジはオムレツを作るのが好きで、テレビゲームのパックマンで遊べて、ものづくりの才能があり、たとえば鋭くてよく切れるナイフを石から作り出す[16]。

カンジはレキシグラムを使うときに声を出す。ボノボは言葉を話せないが、カンジはまさに言葉を話そうとしているかのようだ。人々はワショーとニムに疑問を抱いたのと同様に、カンジとココに対しても、実際に言葉を使っているのか、あるいはたんに言葉をまねているだけなのかと疑問に思っている。ペッパーバーグはオウムと交流して、意味の創造はどのようにして可能になるかを調べたが、この動物研究は人間の言葉を教えることに強く力点を置いていた。パターソンは自分とココがお互いを理解していることを確信しており、ゴリラ自身も自分の示す手話を理解しているという。ココとパターソンの映像を見れば、このゴリラと人間は波長がよく合っていることがわかるだろう。

哲学者であり動物トレーナーでもあるヴィッキー・ハーンは、人間とほかの動物はともに作業をしながらお互いを理解していくことが可能だと書いている。[17] たとえばイヌは人間とは違うやり方で世界を経験する──彼らにとってはにおいが重要だが、私たちはかなり視覚に頼っている──が、人間がイヌとともに作業するときに言葉と身振りは意味を獲得し、コミュニケーションと理解が可能になるという。生理学的観点からすれば人間は、イヌよりもほかの霊長類に似ているので、霊長類とコミュニケーションをとって理解し合えることは十分に考えられる。しかし、このコミュニケーションにおいて、人間の言葉が果たせる、果たすべきでもある役割には、議論の余地がある。ボノボのカンジはたくさんの言葉を知っていて、人工言語を使って自分の周りの人に自分の望みをいくらか伝えることができる。彼がコミュニケーションをとる周囲の人間は、同じ人工言語を使う。ハーンはイヌやウマとのコミュニケーションの説明で、ほかの動物とコミュニケーションをとるときには身振りや体の姿勢、目を合わせること、触れること、そのほか身体的に交流することが、人間の言葉を使うことよりも重要だと指摘している。文脈も重要だ。つまり、知性があり感性豊かな動物は、実験室の小さなケージに入れられて、同じ種の仲間もいない状態では、おそらく正常な社会的環境にいる動物とは違う反応をするだろうし、こうした人工的な設定は、相手をする人間の反応の仕方にも影響を及ぼすということだ。言葉や身振り、そのほかのコミュニケーション形態は、それらを使用中の社会的文脈において意味を獲得する。霊長類の言語能力について考えるときは、問われた質問に対する霊長類の答えと、その質問自体と、どちらについても考える必要がある。

ワショーやニム、サラなどの研究は、まずは人間の言葉の起源と、ほかの霊長類の言葉の存在についてのものだった。この研究の背景には、人間は抜群に進化した霊長類の種――万物の頂点――であり、ほかの霊長類が私たちの歴史を知る手がかりになるという考えがある。だが、これは進化の観点からは正しくない。人間とほかの霊長類は共通の先祖から生じたのであって、人間がほかの現存の霊長類から進化したわけではないからだ。ほかの霊長類についての説明にも問題がある。彼らは人間になり損ねた者ではなく、彼ら独自の能力を持っているのだ。人間とほかの霊長類は多くの点で似ているし、そのほかの点では異なっている。こうした類似点と相違点を知りたければ、ほかの霊長類の世界観に基づいて研究を進める必要がある。

現在の科学者によれば、人間以外の霊長類は喉の形が違うため言葉を発音できないという説は、誤りとされる。[18] なぜ彼らが話さないのかは、正確にはわからないが、脳の特定の微小部分が、話す能力に結びついていることが指摘されており、遺伝子で決まっているらしい。また、ほかの霊長類は人間の言葉で話さないので複雑なコミュニケーションの能力を持たないという考えも、やはり誤っている。人間同様、チンパンジーも仲間内で無数の身振りや発声を使っている。二〇一五年までに、チンパンジーの発声が六六例、身振りが八八例、調査された。研究者はこの情報を使って辞書を編纂(へんさん)した[19]。たとえば、ほかのチンパンジーをポンポンと叩くことは「それをやめなさい」、片手を急に振り動かすことは「離れなさい」、片腕を上げることは「それをください」という意味だ。葉をかじっているのはナンパを意味する。力強くハグしながら激しく相手をかきむしっているのは、どこか別の場所へいこうと誘っているのだ。手に持ったもので別のものを強く叩いているのは、もっと近くにくるようにという誘いだ。さまざまな身振りにはそれぞれの意味があるが、人間が気づかない細かい区別が存在する可能性もある。チンパンジーは身振りで人間に食糧のある方向を示すこともできる[20]。

ときにはチンパンジーの群れの中で流行が生まれることがある。たとえば、ジンバブエの保護地では、チンパンジーのあいだで耳に草の葉をまとわせることが大流行した。オランダのナイメーヘンに所在するマックス・プランク心理言語学研究所の霊長類学者はこの現象を二〇一〇年から研究している。チンパンジーのジュリーは二〇〇七年に耳の後ろ側に草の葉をつけ始めた。するとほかのチンパンジーが彼女のまねを始めた。特に彼女の近くで長い時間をすごした場合によく見られた。草の葉をつけることは、明確な目的がない純粋に装飾的なチンパンジーのファッションとして、初めて知られた例である。二〇一三年にジュリーが亡くなってから、草の葉をつけることは一部のチンパンジーで続いていたものの、人気がなくなっていった。[21]チンパンジーにはほかに、棒を使ってシロアリを捕まえる方法などの伝統もある。石から道具も作る。これは、チンパンジーが石器時代に入っているということだ。

イルカとクジラ

一九六〇年代初めに、神経科学者のジョン・リリーは、イルカを研究するためにカリブ海に浮かぶセントトーマス島に研究所を設立した。[22]イルカは噴気孔から人間の声のような音を出すことができる。この研究所の水族館施設で若いイルカトレーナーとして働くようになったマーガレット・ロヴァットは、科学の素養はなかったがイルカに興味を持ち、イルカと親しい関係を築いてイルカを十分に訓練すればイルカが話せるようになるのか研究したいと考えた。そのためロヴァットは一九六五年に施設の水に浸ったエリアに住み込んで、若いイルカのピーターを含めて三頭のイルカとともに暮らすようになった。そして一日に二回、ピーターに話す訓練を施した。ピーターは一生懸命に課題に取り組んだ。たとえば、マーガレットという名前を発音するのが難しくて、水面下で気泡を使って「M」の音を鳴らそうとしたという。ところが、ロヴァットはまもなく、ピーターの考えについて本質的に理解できたことのほとんどは、話す訓練からではないことに気がついた。自分とピーターがとりたてて何もしていないようなときに、より多くのことがわかったのだ。たとえば、ピーターは彼女の体の構造に非常に興味がある、といったことだ。彼女の手足を長いあいだ見つめて、どのように動くのかを知ろうとしているようだった。

研究は六か月にわたり続けられた。そのあいだにリリーはイルカたちにＬＳＤを用いる実験を始めた。その結果として、また、ピーターとロヴァットのあいだの性的行為にまつわる風評が原因で、プロジェクトは資金提供先を失った。若いオスとしてピーターはしばしば性的に興奮し、それが訓練の妨げになった。当初ロヴァットは彼を別の水族館に送ってメスに引き合わせた（そのたびに彼をリフトのようなもので吊り上げて運ばなければならなかった）。だが、しばらくすると、そうする代わりにロヴァットは彼に対して自分の手を使い始めた。そのほうが手っ取り早く、彼女もそれを厭わなかったのだ。だがこの話が拡散して、男性向けポルノ雑誌『ハスラー』の記事になった。ロヴァットいわくそれは不当な記事だったが、実害をもたらした。イルカたちは、日のあたらないロヴァットもいない小さな研究所に送られてしまった。数週間後、ロヴァットはリリーからの電話で、ピーターが自殺を図ったことを告げられた。イルカは人間と違って、意図的に呼吸をする。息をしたいときには必ず水面に上がらなければならない。生きることに耐え難くなると、最後の息を吸って底に沈み、そこで動かなくなる。[23]リリーはイルカとのコミュニケーションについて研究を続け、音楽を用いるなどの科学的方法を用いたが、それだけでなくテレパシーなど神秘的な方法も利用した。彼はイルカと触れることを通じて、イルカにとって捕らわれていることは有害だと悟り、のちに動物の権利（アニマル・ライツ）の支持者となった[24]。

それ以来、イルカの言語については調べが進んで、今では、非常に複雑なものと考えられている。だが、どのように複雑なのかは正確にはわかっていない。イルカの音声の多くは聴くことができない。私たちの可聴域外にあり、録音できる装置もずっと現れなかったからだ。イルカの研究者デニス・ハージングはデジタル技術を利用して、こうしたイルカ語を人間の言葉に、また逆に人間の言葉をイルカ語にも翻訳している[25]。二〇一三年に初めて、ハージングが、イルカ語翻訳装置を使って一つの単語の翻訳に成功した。それはサーガッサム（sargassum）というホンダワラ属の海藻だった。イルカ語のもっと初期の研究は、先述の霊長類の研究と同様で、イルカに単語の記号と意味を学習させる方法が用いられた。イルカは、文の中で単語の順序が変わると違う意味になることを学び、また身振りや姿勢を理解するようになった。イルカ語翻訳装置によって、人間はイルカともっと広範なコミュニケーションをとる機会が得られるようになり、そうした研究と並行して、イルカの行動についてのほかの研究も行われている。イルカの発するシグナルを正確に解釈するためには、それがいつ使われるのか、彼らの生活のもっと広い場面でどう使われているのかを理解する必要がある。イルカのさまざまなグループには、それぞれグループの中だけで通用するシグナル、あるいは言語さえ存在している。このことは、言語が本能や身体的特徴だけに由来するわけではなく、文化的に受け継がれていることを示唆する。そうしたわけで、私たちが彼らと真にコミュニケーションをとれるようになるまでには、長い時間がかかるだろう。多くはまだ謎に包まれており、彼らの交流する範囲については、時がたたなければわからないだろう。

シロイルカのノックは、現在も続くアメリカ海軍海洋哺乳類計画のために一九七〇年代後半に捕獲された。クジラやイルカは、彼らのソナーで水中の爆弾を検知することなどに利用される。ノックは北極圏で魚雷を探索するために使われた。こうしたクジラやイルカは声と手ぶりを使って訓練された。ある日、ノックのトレーナーは、自分のほかに誰もいなかったのに、水中で人々がおしゃべりしている声を聞いた。その後もまた同じことが起こり、それはノックの声だとわかった。彼が人間たちの物まねをしていたのだ[26]。彼は人間に飼育されていたので、この方法で周囲の人々と、より強い絆を結ぶのだろうとトレーナーは考えた。四年後にノックは話すのをやめた。そして二三歳のときに髄膜炎で亡くなった。

ゾウ

アジアゾウのバティルとインドゾウのコシクは、どちらも動物園で飼育されていたゾウで、ノックよりも一歩先をいき、人間の言葉を実際に話した。

バティルは一九六九年に生まれ、カザフスタンのカラカンダ動物園で自分以外のゾウに一度も会うことなく生涯を送った。バティルは、まもなく一九七七年というときに初めて言葉を話し、語彙を増やして二〇を超える文を話すほどになった。たとえば、よく「バティルはじょうず」といい、「あげる」「飲む」といった単語を使った。「はい」「いいえ」という言葉も使い、汚い罵り言葉もいくつか知っていた。彼は自分の名前の音色を気分によって変化させ、舌の位置を変えるために鼻を使った。夜はケージの中で独り言を小声でいう。そのときは舌を使わず、不明瞭な音になる。[27]

コシクは韓国の遊園地で暮らしていて、「こんにちは」「お座り」「伏せ」「いいえ」「じょうず」など、言葉をたくさん覚えている。韓国人は録音を聞けば、彼が話していることをはっきりと理解できる。彼が自分の話していることを自分で理解しているのかどうかは、科学者にもよくわからない。彼は「お座り」という言葉の意味はわかるが、自分が「お座り」というときに飼育係が座るのを期待するわけではないので、命令としてその言葉を使っているわけではない。

五歳から一二歳のあいだはゾウの発達上の重要な時期だが、彼は遊園地で唯一のゾウだったので、科学者は、彼が人間と親密な絆を結ぶために人々が話すのをまねし始めたのだと考えている。コシクはバティルと同様に鼻を使って話し、その音の周波数は、彼の飼育係の声のものと同じだった。彼は今、メスのゾウとともに暮らしている。彼は彼女にはゾウ語で話しかけ、周囲の人間とは今も人間の言葉を使って話す[28]。

イルカが使う音の一部は高すぎて人間には聞こえないが、ゾウの音の一部は低すぎて聞こえない。イルカと同様に、ゾウは複雑な社会的関係の中で暮らしているため、音がコミュニケーションで重要な役割を担っている。ゾウは二つの声を持つ。口を使っても鼻を使っても話すことができるのだ。低周波音は人間の可聴域よりも低い音で、超低周波音（インフラサウンド）としても知られており、高周波音に比べて遠くにまで到達可能だ[29]。音は最長四キロメートル離れた場所でも聞こえるし、さらに、大声で叫べば七キロメートル先でも聞き取ることができる。これらの音の発見によってゾウの研究者は、発情期のオスがどのようにして遠く離れた場所にいるメスを見つけ出すのか、また、何キロメートルも離れ離れになった家族がどのようにして同じ場所で会えるのか、といった、多くの難問を解くことができた。超低周波音を聞くために、研究者はおよそ三倍速で録音を再生する。ゾウ・リスニングプロジェクト[30]の研究者は、ゾウが豊かな言語を持ち、言語で情報だけでなく感情や意思、物理的特徴を伝達すると考えている。

ゾウは知り合いの動物それぞれに対して固有の音をあてていて（その音に基づいて数百の個体を区別できる）、たとえば人間たちやハチたちにも対応する音、すなわち単語がある。音はゾウの家族内の続柄を示すのにも使われる。おそらく音は抽象概念も示しているだろう。

ゾウがそのような複雑なコミュニティを作れるのは、出来事や個々のゾウをよく覚えているからだ。メスのゾウは群れで暮らし、子どものオスは思春期になると群れを去る。長年、オスだけが土地やメスを巡って互いに社会的接触をすると推測されていたが、ゾウたちは親しい友達関係も作り、もっと大きな友達グループで暮らしていることが最近の研究で示されている[31]。そうした関係は死ぬとなくなるわけではない。ゾウが死にかけているとき、グループ内のほかのゾウたち（多くの場合は家族）が、死んでゆくゾウの周りに集まってきて、それぞれが鼻で優しく慰める。ゾウが亡くなると、彼らは亡骸を抱きかかえたり、抱き上げたり、あるいは背中を押し上げたりしようとすることもある。そして土と葉で覆うと、それから何年ものあいだ、亡くなった場所を訪れる。ゾウの墓だ。彼らは知らないゾウの骨にも興味を示す。記憶力のよいことと、亡くなった家族へかかわり続けるということとを考え合わせれば、彼らは死という抽象概念を理解しているといえる。彼らの言語についての研究が進めば、このテーマはさらに解明されていくだろう[32]。

ゾウの言語と知能や、野生のゾウの社会的関係性の研究から、動物園で言葉を話すゾウをもっとよく理解できるようになるかもしれない。人間の言葉を習得して正しい文脈で使うことは、ゾウの知能を考えれば、彼らにとって信じられないほど難解ということはないはずだ。彼らは単語を正しくまねるために、生理学的に難しい方法で最善を尽くしているという事実は、彼らにとって社会的接触がいかに重要かを物語っている。ほかのゾウに一度も会ったことがなく、狭い場所で一生を送ったバティルは、非常に孤独で、退屈でもあったに違いない。人間の言語で彼が話した言葉から、彼の言語能力についてわかることは、ゾウ・リスニングプロジェクトの研究に比べれば、ごくわずかにすぎない。

互いを呼び合う

動物行動学者のコンラート・ローレンツは、数多くの動物たちといっしょに暮らした。そうした動物はみな、家の中も家の周囲も自由にうろついていた。[33]彼は自分の子どもたちが小さいころだけはケージを使った。彼と妻は子どもたちから目を離さざるを得ないときには、動物ではなく子どもを乳母車に乗せたままケージに入れて鍵を閉めておいたのだ。ローレンツはしばしば鳥類を自分が親代わりになって育てた。そして刷り込みについての理論で有名になった。一部の種のヒナは殻を破って出たときに、何であろうと最初に見たもの、あるいは直後の数日に見たものを、それが人間であろうと本物の親であろうとにかかわらず、自分の親だと思い込む。カモ、ガン、ハクチョウにとっては、親と認識するには鳴き声が重要だ。これらの鳥類を適切に育てるために、ローレンツは母親の鳴き声のまねをしなければならなかった。そのため、ローレンツはカモの言葉を学んで話せるようになった。

母親の鳴き声に加えて、鳥類の交流には地鳴きが重要な役割を果たす。地鳴きは、特定の状況で出される本能的な生得の声の表現だと考えられる。ローレンツは、非常に多くの種においてどのように本能と知能がつながり合っているのかを説明している。地鳴きに反応するのは多くの動物にとって生まれつきのことだ。彼らは自然のなりゆきで反応し、反応するために学習する必要は何もない。人間の子どもが泣き方を教わる必要がないのと同じだ。同時に地鳴きには文化的な機能がある。鳴き声はグループ内の鳥に伝わっていき、創造的な鳥が独自の脚色を加えることもある。ローレンツに育てられたワタリガラス（スズメ目カラス科カラス属）のロアは、成鳥になってワタリガラスの仲間と暮らす場所を見つけてからも、しばしばローレンツのところに戻ってきて、いっしょに散歩をしたりスキーをしたりした。ロアは年をとるほど神経質になっていった。一度でも不愉快な経験をしたことがある場所は訪れるのを嫌がり、見知らぬ人を怖がった。そうしたおりには、警告するためにローレンツの頭をかすめて低く飛んで、いつもと違う鳴き声を出した。ロアの出した声は、ほかのワタリガラスのあいだで使っていた地鳴きとは違っていた。ロアが声に出したのは自分の名前であり、それも人間の抑揚で――ローレンツが彼を呼ぶときの声そのものだった。このように人間の声を出す方法は自分がロアにしつけたわけではない、とローレンツは書いている。ロアはローレンツのためにこの鳴き声を自分で作り出した。ローレンツの知る限りでは、この種の言語的な本質的理解を動物が示したのは、このロアの事例だけということだ。

ワタリガラスとほかのカラス科の鳥は、音声の宝庫を持っている。抑揚や高さ、速さによって違う意味があり、個々の鳥を区別するなどさまざまなものを指し示すのに使われる。カラスを専門とするマイケル・ウェスターフィールドの研究によると、カラスには「人間」「ネコ」「イヌ」のそれぞれを意味する違う音があるだけでなく、二匹のネコも区別できるという。獲物をとらない年かさのネコは、幼鳥を狙うかもしれない若いネコとは違う声で表現される。[34] 子どものカラスはずっとしゃべっていて、その後、本当のカラスの鳴き声を出せるようになる。研究者はこれを人間の子どもの幼児語になぞらえる。[35] カラスはおもに家族に話しかけるが、餌を食べる前や食べている最中には、知らない相手とたっぷりコミュニケーションをとっている。特に餌が獲得しにくいときにはその傾向が顕著になる。ある研究では、カラスが木の幹でいくつかの深い穴にカブトムシの幼虫を見つけた。見知らぬカラスたちがたちまち言葉を交わし始める。おそらく幼虫をどのようなテクニックで取り出すのがベストか、情報交換を始めたのだろう。生物学者のクリスチャン・ラッツは、自分の研究しているカラスの群れに、入手が難しい食糧を与えたときの影響は、オフィスにコーヒーマシンを一台置くときの影響と同じようなものだという[36]。

カラス科の鳥を観察すると、かつては霊長類とクジラ目の動物だけに特有だと思われていた方法で彼らもコミュニケーションをとれることが明らかになる。彼らは顔を決して忘れない。彼らがあなたに腹を立てると（あなたがヒナを脅かしたことなどが理由だろう）、あなたが近くをとおりかかるたびにかならず襲ってくる[37]。カラス科の鳥は餌を隠しておけることから、優れた記憶力を持つことがわかる[38]。ワタリガラスは声でコミュニケーションをとるだけではなく、身振りも利用して、たとえば物体についての情報を伝える[39]。カラス科の鳥は複雑なパズルも解ける。心理学者のアレックス・テイラーは、007というニックネームのカラスが、好物のおやつを獲得するために八ステップでパズルを解く様子を示した。007はまず短い小枝を使って、鉄格子の箱の中にあった一個の石を取り出し、次に別の箱からも二個目の石を取り出した。それらの石をプラスチック製の容器に落とすと、また鉄格子の箱から三個目の石を取り出してきて、同じように容器の中へ落とした。すると石の重みで蓋が開いて、長い小枝を拾うことができたので、それを使って肉を取り出せた[40]。カラス（ワタリガラスやカササギ（スズメ目カラス科カササギ属）、その他カラス科の鳥の一部など）は、群れの仲間が亡くなると葬式を行う。群れのメンバーが集まってきて、ときにはもっと大きい集団になり、亡くなった仲間や親類を囲んで騒ぎ立てる。[41]

確立された真理から言語ゲームまで

人間がほかの動物と言語的に交流する方法はたくさんある。そうした行為は、必ずしもオランダ語や英語のような自然言語に比較できるものではないが、言語の表現として解釈できるのは確かだ。

プラトン以来、哲学の伝統は真理の探求にある。彼が描いた真理のイメージは普遍的で一義的なものだ。プラトンによれば、真理は日常の中ではなく、知性が伴う場合にのみ知覚できる永遠のイデアの中に見つかるものであり、永遠のイデアの反映が私たちの周囲の現実の中に見えるのだという。この真理のイメージには、言語はそれの指し示すものを一義的で純粋に反映するという考えと、「言語」の概念ははっきり定義され知られうるという見解がつきものだ。このような理解においては、「言語」の持つ意味は正確に定義されて、それを普遍的にあてはめることができる。

これに反して、言語哲学者のウィトゲンシュタインは後年の研究で、言葉は一義的な意味を持ち、言語は一つの方法で定義できる、という考えを否定した。[42]彼によると言語を定義することは不可能であり、そのような考えは、言語と意味がどのように働くかをわかりにくくもさせるという。言語は無数の異なる方法で使われていて、言葉や概念の意味することや、「言語」という言葉の意味することも、状況によって変わりうる。

言語とは何かを理解するために、私たちは言語の働き方を学ばなければならない。それには、実際に使用された具体的状況を研究すればよい。ウィトゲンシュタインは「ゲーム」という言葉になぞらえる。ゲームは数多く存在し、私たちが定義できるようなすべてに共通の特徴はない。一部のゲームは特定の共通の特徴を持つが、ほかのものには違う特徴がある。だが、私たちはゲームをするときに、それがゲームであることを知っている。「言語」の概念も、言語のさまざまな使用法からなっているが、それらのすべてが、定義に使える一つの共通した特徴を持つというわけではない。よって、ウィトゲンシュタインが「言語ゲーム」について話すときは、言語がゲームのようであるとか、人々が言語を使うときにはいつもゲームをしているという意味ではなく、「言語」の概念の構造が「ゲーム」の概念の構造に相当するということをいっている。

ウィトゲンシュタインの概念である「言語ゲーム」は、個々の言語の実使用やごく原始的な人工言語といった言語のすべてに言及するもので、動物とのコミュニケーションについて考えるのに適している。固定した定義がないため、さまざまな言語活動を研究するのに向いているのだ。言語ゲームは、言語だけではなく、身振りや姿勢、動き、音まで広く対象になる。ウィトゲンシュタインは、歌を歌う、祈る、口笛でメロディを吹く、ジョークをいう、合計を出すといった例をあげる。まじめな文章は、表情や抑揚、身振りによってジョークに変わることがある。ある言語に十分に習熟していない人は、たとえ使った言葉が間違っていようとも、たとえば手振りでいいたいことを相手に伝えることができる。そしてウィトゲンシュタインにいわせれば、意味は使い方に緊密に結びついているのであって、それはペッパーバーグがアレックスとのコミュニケーションで述べていることによく似ている。前述の状況は、自然言語（オランダ語、など）として理解はできないが、人間とほかの動物のあいだの言語ゲームとして見ることは確かにできる。

言語と思考の関係と、言語と現実の関係は、どちらも哲学研究の主題だ。多くの人間は、言語を使う能力が頭の中にあると考える。しかしウィトゲンシュタインは、頭ではなく、言語と世界の関係に視点を変えて、とりわけ社会での実使用の役割に目を向けさせる。口から発した言葉の意味は、外側（世界の高次の力や、必然的な構造）に由来するわけではなく、頭の中（他人に覗き込めない閉じた空間と考えられるもの）から生じるわけでもない。言葉はその使用によって意味を獲得する。そしてそれゆえに言葉はつねに公の事柄だ。たとえ声に出さずにひそかに言葉を使って考えたのだとしても、自分のためだけに書き記したのだとしても、そうした社会的な要素は存在している——私たちは話し書くことをほかの人々から学んできたので、私たちが自分の考えを表現する方法は伝統や文化の一部であって、新たに何かを発展させることは可能でも、まったく新しいものは理解不能になるということだ。言葉の使い方と意味の関係に重点を置くことで、新たな視点から動物を使った言語の研究や動物の言語の研究をすることになり、人間以外の動物の思考を疑う態度は、もはや入り込む余地はなくなる。動物たちが話すかどうかを判断するために彼らの頭の中のことを知る必要はない。彼らがどのように言語を使っているかを調べて、そこから研究を続ければいいのだ。

私たちはほかの動物とともに暮らしているので、私たちの概念はある程度はほかの動物との関連で形成されてきたことも確かだ。動物の振る舞いや行動、動物についての物語、動物との交流といったことを通じて、子どもたちが言葉の意味を学ぶこともある。オーストラリアの哲学者レイモンド・ゲイタは、ともに暮らした動物についての著書[43]で、動物が言葉についての考え方に与える影響について述べている。言葉は本質的に社会的現象であり、多くの人間は、人間やほかの動物とともに同じ共同体で生活しているので、そうした動物は私たちの使う言葉の一翼を担っている。ある概念の意味や、動物にとってのその概念の適切さについて考えるときには、そのことを考慮に入れなければならないのだ。動物は苦痛を感じるだろうか、あるいは意思を持っているだろうかと考えるとき、それは人間の定義であるから、逆方向に考えている。

私たちはほかの動物の苦痛を観察してそれについて話すことによって、苦痛が何であるかを部分的に理解する。よって、彼らの苦痛はすでに、「苦痛」が意味しうるものの一部である。動物は、ある概念を手に入れるために、特定の認知的基準を満たす必要はない。なぜなら、彼らの思考と行為を含めて、彼らはすでにその概念の一部であるからだ。

言語についてのウィトゲンシュタインの考えのおかげで、動物の言語について考えることが可能になる。彼の方法は、動物はそもそも言葉を持つのだろうかという疑問に、新たな光をあてることもできる。言語が定義される方法は、まとめて言語ゲームとして見ることもできる。そのゲームの中では、分別のあるおとなが、言語表現の特定の形態を真実の言語、あるいは現実の言語として定義しているのだ。この考え方には歴史があり、いきなり現れたわけではない。それは社会における実使用であり、社会における力関係の影響を受ける。私たちは概念の歴史を研究し、社会における関係性が概念に影響して変化する様子を調べることができる。「権利」の概念を例にとってみよう。古代ギリシャの都市国家ポリスでは、奴隷ではない男性だけが政治的な決定を下す権利を持っていた。奴隷と女性に権利はなかったし、動物と子どもにはまったくありえなかった。公民権運動や女性運動など、さまざまな政治運動が起きたのちに、西洋諸国ではほとんどの成人女性に民主的権利が保証されるようになった。新たな権利が与えられるにつれ、「権利」の意味は、選ばれたグループのためのものではなく、すべての人間のためのものへと（少なくとも理屈の上では）拡大された。動物の権利は一般にはまったく受け入れられていないが、動物が権利を獲得すれば、権利の概念は再び変わるはずだ。

ウィトゲンシュタインによれば、言語の意味を追求するためには、いま存在している言語ゲームを研究すべきだという。それをするには、言語ゲームが具体的に行われている実使用を研究すればよい。よって、人間以外の動物が人間の言葉で話すことを教わるとき、彼らは人工的に設定された状況で、人工的な言語を学習している、ということも念頭に置くべきだ。トレーナーとの関係はもちろん、仲間たちしの関係や学習の方法なども大切なことだ。

研究者はイヌ用の「K9手話」〔訳注：K9 sign language の訳。K9はCanine（イヌ科動物）の数略語〕を開発し、また、イヌに絵記号を使って作業することも教えた。一匹のイヌにモルモットを引き合わせたとき、研究者はイヌが絵記号の「遊ぶ」ボタンを押すと予想していたが、実際は「食べもの」ボタンを押した[44]。このことからイヌの考えが――この場合、家庭の仲間を遊び仲間ではなく昼食の可能性として見ていることが――いくらか示唆されるが、そのイヌがどのぐらいコミュニケーションがとれるかについて、あるいはこの種に固有の言語能力について、何でもわかるというにはほど遠い。この特定の言語ゲームが動物にはどれだけうまくできるのかがわかるだけだ。それと対照的に、イヌは非常に複雑なにおいのシグナルでコミュニケーションをとるが、このスキルは言語と見なされないことが多い。動物に人間の言葉で話すように教えるのが目的の人間が参加している言語ゲームでは、人間の言葉が唯一の本物と見なされ、言語能力と知性の測定基準として用いられている。

話すことを習得する

これを書いている時点では、五種の哺乳類——人間、コウモリ、ゾウ、アザラシ、クジラ——は新しい音を作り出す方法を学ぶ能力があると考えられている。[45] これらの動物は人間の言葉を習得できる。また、ほかの動物の言葉を話せるようになる、あるいは話せるようになろうとする動物もいる。たとえば、シャチはイルカの音声を模倣し、このスキルを使ってイルカとコミュニケーションをとることが知られている。[46] オウムはほかの動物の声をまねるが、それは自衛のためでもあり、ほかの動物を狩るためでもある。ほかにも、新しい音を作り出すことを学んでできるようになる鳥類はいる。ほかの哺乳類にはできないと決めつけるのもまだ早すぎるだろう。オランウータンのチルダはケルン動物園に棲んでいる。彼女は人々のように口笛を吹くことができるし、人間が出しそうな音なら何でも出す。それらは野生のオランウータンが出す音とはまったく違い、人間の話し声に明らかに似ていて、特にリズムに関してと、母音と子音の交替に関してがよく似ている。[47] インターネットでもイヌやネコが人間の音声をまねている動画が見られるが、科学的な妥当性についてはまだ明らかになっていない。ゾウのカンジは単語を発音できる。それでも、模倣について考察するときに、単語だけに目を向けるのは問題が多いと思われる。動物の自己表現は、主として身振りやボディランゲージ、においやその他の表現を使ってなされるので、コミュニケーション形態としての模倣はそのあたりを探るべきだろう。

話す動物のほとんどは、非常に社会的な種に属している。彼らはさまざまな理由で話をする。飼育下にある動物は、飼育者との絆を強める目的で、あるいはその動物が耳にする唯一の言語だという理由で、話をするだろう。また、話すことで動物は環境を制御できるようになる。たとえば、カンジは絵記号を道具のように使ってピザを要求する。さらに、話すことは遊びの一つの形にもなりうる。日本で飼育されているシロイルカの場合は、自分たちのゲームに人間を参加させるために話すようだ[48]。野生では、動物が自分たちの学習能力を発揮して、既存の関係を強め、他者の関心を引いたり機嫌を伺ったりもする。その他の音をまねる動物もいる。ロッテルダム中央駅（オランダ）にいるムクドリ科の鳥は、スプリンター〔訳注：オランダ鉄道の各駅停車の電車〕の発車合図の音をまねるし、また、電話のベルをまねる鳥もいる。これらは他の鳥の関心を引くための行動だと科学者は考えている[49]。

音声模倣は人間の言語の基礎だ。私たちの模倣能力は、私たちが大量の単語や音声を習得し再生することを可能とし、私たちの語彙が非常に豊富である理由にもなっている。それと同時に、学習はたんなる模倣にとどまらない。単語を文脈から切り離して理解することもできない。ウィトゲンシュタインは著書『哲学探究』で、物体に単語を結びつけることで子どもが言葉を学んでいる場面から始める。「テーブル」はテーブルを指し、「椅子」は椅子を指す。これはまさしく言葉の働き方だが、唯一の働き方というわけではない、と彼は書く。言葉を学ぶとき、単語と、関連の物体や行動とを学ぶだけでは十分ではない。言葉は実践を通じて意味を獲得するからだ。一つの単語の意味は状況によって違いうるので、言葉を上手に使うためには単語がどのように使われるかを知る必要があるということだ。人間でも動物でも、たんなる模倣を超えてこれが広がる。

その文脈が、あるいは（少しのあいだウィトゲンシュタインの用語を使うことにすれば）言語ゲームが、報酬を引き換えにした言葉の学習で生じる場合、それをする動物の能力は、ほぼ語学力ではなく、報酬と引き換えに言葉を習得するスキルを示すものだ。言葉の発音ができない動物は、そうした言語ゲームからは自動的に除外されるし、日常生活に必要ないゆえにまねが得意でない動物も不利になる。だが、それゆえ動物による人間の言葉の学習は、たいてい人工的なプロセスで人間が考え出したにもかかわらず、それによって私たちは動物の学習方法や思考、文化、記憶など動物についての知識が得られる。たとえばゴリラのマイケルは、幼いころの野生での経験を思い出して手話で語った。このことから、彼が物語的アイデンティティ（長年にわたる自己理解）とエピソード記憶（個人的な経験を記録する記憶で、長期的な記憶の一部）を持つことが示唆される。ここで、上述の事例がただの音声模倣にとどまらないと気づくことも大切だ。ココとワショーの事例で最も重要な意味を持つコミュニケーションは、身振りとアイコンタクトで成り立っていた。そうした瞬間に、動物は感情を持って人間に接していたし、人間もまた動物に対してそのようにしていた。

第2章

生き物の世界の会話

人間が商店街を歩く――歩きながら、人と会話を交わし、電話に向かって話し、メッセージを送り、通りがかりの人にちょっかいを出し、人とぶつかって悪態をつく。見上げれば、ハトのオスが窓枠にとまって、メスに向かってクークー鳴いている。カモメは空高く旋回し、甲高い声で鳴きながら食べもののかけらが落ちていないかと目を光らせる。道路と建物の隙間をアリが歩き、仲間のためににおいを残して、近くに食べものがあることを知らせる。ハツカネズミは壁の中に棲んでいて、仲間以外にはほとんど聞こえないような非常に高い声で鳴く。肉屋の店の前で、イヌがソーセージのぶつ切りがもらえないかと待っている。彼は通りがかりの人と目を合わせる。工事中の鉄道用地下トンネルでは、クマネズミがフェロモンを使って近づくなと警告を発している。近くの水路では、パーチ（スズキ目ペルカ科ペルカ属の魚）が、浮袋を振動させて別のパーチと接触することを求めている。水辺ではオオバン（ツル目クイナ科オオバン属の鳥）のヒナが母親を呼んで声をあげている。カモが人にパン切れをねだっている。

都市には人間だけが住んでいるように見えるが、ほかの動物もいたるところで生活し、それぞれの仲間どうしやほかの種の動物とコミュニケーションをとっている。動物のこうした言葉には私たちが自然に理解しているものもあるが、まったく謎の言葉もあり、よくわかるものからまったくわからないものまで、あらゆるレベルの言葉が存在する。聞こえたり見えたりするが理解できない言葉の表現もあれば、聞いたり見たり嗅ぎ取ったりできる範囲の外にあるために私たちを素通りしてゆく言葉もある。本章では動物によるさまざまな言葉の表現を、社会的な働きの文脈において検討する。目標は、動物の言葉についての現在の幅広い研究からわずかばかり状況を提示することだ。多くの研究プロジェクトは始まったばかりか、方向を変えたばかりで完了していない。たとえば、鳥の鳴き声の研究は、非常に長期間実施されていて、鳴き声の構造はすでにわかっているが、正確な意味は突き止められていない。わかっているのは縄張りを守るといった一般論だけで、鳴き声が生じる文脈や社会的関係については研究が必要とされている。この手の調査はまだ始まったばかりだ。

警戒声

危険が迫るとき、私たちはほかの人々に警告する。炎が見えれば「火事だ!」と叫び、交通事故が起きそうだと思えば「おい、待て!」「危ない!」と怒鳴る。何かが落ちてきそうだと気づけば、何がくるとか、どの方向からくるといったことを声に出す。ほかの動物も多くの種が、お互いに警戒をうながす鳴き声をあげる。そうした声を一つ持つ種もいれば、何種類も持つ種もいる。多くの動物にとって、的確な警戒声は文字どおり命を救う。

縄張りによそ者などが侵入したときに動物が仲間に知らせる方法は、研究者にはよく知られている。おそらく、警戒声はわかりやすいからだろう。人間の耳には、「助けて！」「危ない！」といった恐怖の叫び声のように響くことが多い。ところが、研究によれば警戒声にはさまざまな意味があり、かなり複雑なこともある。警戒声の研究から、仲間とのコミュニケーションシステムについてだけではなく、その動物が世界をどのように経験し、世界についてどのような見方をするかもわかる。

プレーリードッグが棲んでいるのは地下トンネルで、寝室と分娩室、トイレはそれぞれ専用の部屋になっている。縄張りはそれほど広くなくて、いつも同じ区域にいる。それは生涯にわたって自分が生まれた村で暮らす人間によく似ている。そのため彼らは多くの捕食者にとって格好の餌食だ。捕食者はひとたびプレーリードッグの居場所を知れば、プレーリードックが自ずと特定の地点に餌を探しにくることがわかるので、あとは辛抱強く待つだけでいい。その結果、プレーリードッグは高度な警戒声を数多く発達させていて、人間にはそれが鳥のさえずりとよく似て聞こえる。このおしゃべりがたくさん同時に起こると、遠くではイヌの吠え声のように聞こえるので、これが名前の由来になった。プレーリードッグは地面の下では大きな音をたてず、おもに味覚に頼ってコミュニケーションを図る。別のプレーリードッグに出くわしたときには、ディープキスで挨拶を交わす。それで家族や仲間か、敵かを判断する。地上でも同じ方法で挨拶する様子が見られ、ときにはいきなり大きく飛び退くことがあり（家族や仲間ではなかった場合）、そのさまはまるでキスが本当に不愉快だったかのようだ。[1]

プレーリードッグは侵入者によって音声を使い分ける。音声で、侵入者が空からくるのか、地上から近づくのかが示される。空か地上かで違う対応が必要なので、声にこの情報を含めると役に立つわけだ。だがそれだけではない。侵入者を詳しく描写することもできる。侵入者が人間なら、それは人間であり、その人間はどのぐらいの大きさか、何色の服を着ているか、傘や銃を所持しているかどうか、といったことを表現する。イヌなら、大きさと色、形について述べ、さらにどんなスピードで近づいてきているかにも言及する。声の要素の順番が違うときには、声の各部分の意味が変わる。これは簡単な文法のようなものだ。彼らは意味のある構文で動詞や名詞、副詞を使う。また、「卵形の未知の危険物」というような新しい組み合わせも作れる。生物学者のコン・スロボドチコフは、長年プレーリードッグを研究して、彼らの言語――スロボドチコフによれば実際にそれは言語だという――を着実に解読しつつある。警戒声に加えて、社会的なおしゃべりもして（何を話しているのかは現在調査中）、オグロプレーリードッグなど一部の種は「ジャンプイップ」という、前足を上げてまっすぐ立ち上がり上へぴょんと跳ねながらキャンキャンと高い声で鳴く行動をする。これはサッカースタジアムで観客が行うウェーブのようにプレーリードッグのあいだで次々に広がってゆく。ときにはジャンプイップを夢中になってやりすぎて、後ろに倒れることもある。彼らはたとえばヘビが別の方向に向かったときにジャンプイップする。その様子は、喜んで跳ねているように見える。

アメリカコガラ（スズメ目シジュウカラ科シジュウカラ属）の警戒声も、聞こえて受ける印象よりも高度な音声で、猛禽類について翼の長さやスピード、攻撃方法など詳しい情報を伝える。彼らの英語名「チッカディー」は鳴き声に由来し、最も重要な情報は「ディー」の部分にある。たとえば、ヒガシアメリカオオコノハズクが近づくと、彼らは「チッカディーディーディー」と鳴くが、それよりも危険な鳥がくると「ディー」を一五回も繰り返す。私たちに身近な鳥類のニワトリ（キジ目キジ科ヤケイ属）は、空からくる捕食者か地上の捕食者かによって違う鳴き声――あるいは言葉――を持っている。それは対象の動物を示すのではなく、どのように近づいてくるかを示している。上方からアライグマがくるときに発するのは、空からの襲撃の警告シグナルであって、アライグマを表すシグナルではない。現在ではニワトリが二〇種類を超える音声を発することが知られているが、それらのほとんどは何を意味しているかまだわからない[2]。

人間以外の霊長類もまた、意のままに使える音を大量に備蓄している。ベルベットモンキー（霊長目オナガザル科サバンナモンキー属）は、生息域にいる捕食者すべてを別々の音声で表している。さまざまな警戒声に対する反応の研究によって、彼らは音声に対してやみくもに反応しているわけでないことが示された。ある警戒声の録音を繰り返して流すとき（たとえば、ヘビや猛禽類を示す警戒声に対してのさまざまな反応をテストする目的で）、数回流れるとベルベットモンキーは反応をやめる。流された音声が信頼できないことが判明したからだ。よって、彼らは本能のままに反応するのではなく、声を評価していることがわかる。声は有意義な情報を伝えていて、自動反応を生み出すたんなるシグナルではないということだ[3]。

ときには自分とは違う種の警戒声を理解できることもある。キャンベルモンキー（オナガザル科オナガザル属）は、構文を使う。つまり彼らの鳴き声で、要素は文の構造に見られるように結合されている。ダイアナモンキー（オナガザル科オナガザル属）の警戒声はこの特徴を持たないが、それでもキャンベルモンキーの警戒声を理解するらしい[4]。また、ほかの動物の警戒声をまねることができる動物もいる。クロオウチュウ（スズメ目カラス上科オウチュウ科）という赤い目をした小さな黒い鳥は、五〇を超える別の種の警戒声をまねできる。偽の警戒声を聞いてほかの鳥が恐怖で逃げ出した隙に、残された餌を盗み取る[5]。オウムは人間の言葉をまねするだけでなく、非常に多くのほかの動物の鳴き声を、警戒声も含め模倣する。クロオウチュウに関しては、オウムと同じこの能力はエネルギー源だ。

動物の警告声は、身振りや姿勢、表情のような視覚的シグナルのどれか一つか、あるいはいくつかの組み合わせを伴うことが多い。においも重要な役割を担う。一部の腹足類（カタツムリとナメクジ）は攻撃を受けると音を出すが、粘液の跡に含まれるフェロモンも使う[6]。コミュニケーションにおけるフェロモンとにおいの役割についての研究はまだ始まったばかりだが、ミツバチからカバまでさまざまな種において、警告のにおいは数種類のにおい成分からできていて、各成分の割合によって正確な意味が決まっていることが知られている。アフリカミツバチは一匹がにおいを使って仲間を呼び寄せ、集合してから攻撃する。[7] そうした攻撃を受けると人間には致命傷になりうることがわかっている。ハチはさまざまな種類の化学フェロモンを使ってコミュニケーションをとり、それが巣などに関する情報を伝える言葉のようにみえる。[8] ミカンキイロアザミウマ（別名カリフォルニアンスリップス）という翅のある昆虫は、さまざまな危険に対応するそれぞれの警報フェロモンがある。[9] アザミウマの幼虫は、危険を察知すると警報フェロモンの雫を生成する。そのフェロモンは、酢酸デシルと酢酸ドデシルという二つの物質からなる。危険の度合いが増すと生成量は増えて、二つの物質の割合が変化する。幼虫は警報シグナルを受け取ると行動が変わるので、何が起こっているかを彼らが理解しているのは明らかだ。この研究は、化学物質の警報にこれまで考えられていたより複雑で詳細な働きがあることを示している。アザミウマも例外ではないのはほぼ間違いなく、ほかの節足動物もおそらくこの方法でコミュニケーションをとるだろう。人間もコミュニケーションににおいを使う――恋愛はおもにフェロモンが盛り上げるように見える――が、ほかのコミュニケーション形態に比べて、一般にはあまり認識されていない。

挨拶

人間には大きな捕食者を示す警報はないが、ほかの社会的動物の多くと同様に、ひっきりなしに挨拶しあっている。宇宙からやってきた研究者グループがこの現象を調べたら、音声や身振り、身のこなしに、多くのバリエーションを発見するだろう。私たちは「やあ」とか「こんにちは」とかいって、ときには立ち止まっておしゃべりをすることもあれば、すれ違いざまに手を上げるだけのこともある。オランダ人はキスを一回か、二回、あるいは三回、頬か唇にする。イギリスやアメリカの若者はハグをすることが多い。ほかにも、頭を下げたり、握手をしたり、目を合わせる人々や合わせない人々もいる。挨拶における文化の違いで気まずくなることもある。たとえば、ある人がキスを三回しようとしたのに相手の期待する回数がそんなに多くなかったら、あるいはある人がキスをしようとしたのに相手はハグをしようとしていたら、気まずいことになるだろう。

人がこんにちはと挨拶するのは、お互いに会えたり絆を強めたりするのが嬉しいからだ。一夫一婦制の海鳥のカツオドリも同様のことをする。パートナーが巣に戻ると必ず、頭と首をお互いに擦り合わせるという大仰な挨拶の儀式を行う。オスはしばしばメスに、巣を飾ったりネックレスとして使ったりする花などをプレゼントする。[10] カワセミもパートナーに挨拶として、たいていは魚など食べられるプレゼントを持ってくる。[11] カケスとカラスも同じで、パートナーに食べものを持ってくるときには特別な贈りものを選ぶ。これらの鳥類は他者の考えに自分を重ね合わせられる――パートナーが喜ぶだろうと思うものを選べる――ということがわかっている。つまり、「心の理論」（他者の観点からものごとを見ることができる能力）を持つということだ。これは、かつては人間とそのほかの霊長類だけが持っていると考えられていた能力だ。[12]

ほかの動物とともに生活している人は、動物たちの挨拶の儀式にはどんなものがあるかをよく知っている。同じ家庭で飼われている動物たちはしばしばお互いに挨拶を交わす。また、動物は親しい動物と見知らぬ動物ではたいてい違った挨拶をする。イヌは、親しいイヌや人間が帰宅したときや、見知らぬ人が訪ねてきたときでも、とてもはしゃいで出迎えることがある。イヌは挨拶で、においをかいで相手の状態や特徴についての情報を得ようとする。相手のイヌを気に入ったら、いっしょに遊ぶことでお互いをもっとよく知ることができるだろう。イヌどうしの挨拶には一つの標準的な型があるわけではない。イヌは挨拶で無視されるか見られるか、あるいはしっぽを振って迎えられる場合もあり、イヌの一方に不安や不信感があれば唸ったり吠えたりすることもある。挨拶を交わすイヌのあいだでは、しばしば人が気づいているよりも多くの情報が伝わっている。[13] たとえば、イヌはほかのイヌの唸り声をよく理解している。唸り声の録音を使った研究によれば、イヌは遠くからでも、食べものを守っている声なのか、侵入者を阻止している声なのかを理解し、声の主が怒っているかどうかがわかるが、そうしたニュアンスは人間にはまったくわからないという。別の研究では、イヌは機嫌がよければしっぽを右に振り、不安を感じていたり怯えていたりするときは左に振ることが示された。しっぽの動きにほかのイヌが反応して、右に振れていれば問題ないと理解するが、左に振れていれば緊張感が高まる。しっぽの長さと位置も重要だ[14]。

オスのヒヒ（霊長目オナガザル科ヒヒ属）どうしでけんかをすると、鋭い歯があるのでけがをする。いっしょに遊ぶことやグルーミングすることはないので、実際に親しく接触するのは挨拶だけだ。その結果、彼らは頻繁に挨拶を交わす。かなり親密な行為で、しばしば相手にペニスを握らせるか、口に含ませることさえある。これは、特に歯が鋭いことを考慮すれば、相手に弱点をさらす行為だ。挨拶の儀式は次のように進む。一頭のオスが別の一頭に近づき、威嚇の動きを示す。次に唇を鳴らして、相手に挨拶したいのだと表明し、目を細め耳を頭にぴたりとつけた「魅惑的な」表情を作る。相手のヒヒはたいていこれに応えて唇を鳴らし返して、目を合わせる（これは別の状況ではけんかをふっかけるサインだ）。それから、一方のヒヒが相手に尻を見せ、相手はさっとマウンティングの姿勢をとってから、ペニスに触れてそれをつかむと、素早く離れる。ときには相手と役割を交代して同じことをする。これが通常はほんの数秒で行われる。動物行動学者のバーバラ・スマッツは、ヒヒの挨拶の儀式を研究し、それが社会的地位についての情報や、協力する意思、年齢と性別を伝えるものだと述べている。高齢のオスは挨拶の儀式を平穏に終えることが多いが、若いオスの場合は片方だけが挨拶の儀式をやりたくて、相手はそうではないこともときどきあって、早々に中断することも多いという。挨拶は第一に、相手の協力する意欲を測るために重要だとスマッツは考える。[15]

このことから、ヒヒが挨拶をどのように交わすかだけでなく、挨拶の働きについてもわかる。スマッツによれば、人間の私たちは未来についての合意を言葉に大きく頼っているので、ほかの動物がそんな合意をするとは思っていないという。[16]だが、ヒヒの挨拶は、未来についての合意を示している。動物行動学者のスマッツとマーク・ベコフ、および科学哲学者のコリン・アレン[17]は、イヌやオオカミ、そのほかの種の遊び行動でもそれに似た種類の社会的合意がなされると主張する（このことについて詳しくは、第6章でメタコミュニケーションを説明する際に触れる）。重要なのは、挨拶がただの挨拶ではないということだ。多くの動物はこんにちはと挨拶しているだけではなく、それぞれの意思について情報交換している。そうするために、人間と同様に表情やしぐさ、ボディランゲージ、そして音声を利用する。

アイデンティティ

数年前、イルカがお互いを名前で呼び合うというのが大きなニュースになった[18]。人間のように、彼らはみなそれぞれが独自の音を持ち、新入りのイルカに自己紹介をしたり、呼び合ったりするときにその音を使う。名前を持つ動物はイルカに限らない。オウムは親から名前をもらう[19]。リスザルにはそれぞれに特別な「チャック音」がついている[20]。コウモリはお互いを呼ぶ名前があるので、暗闇でもいっしょにすごすことができる[21]。これは大きな群れでは特に役立つだろう。名前は便利だ。誰かを呼ぶこともできるし、近づいているのは自分だと知らせることもできる。

自分が何者か、つまり自分のアイデンティティは、声で伝えられるだけではない。ハイエナは、メス優位の流動的な社会関係の中で暮らしている。彼らが交流するとき、肛門腺から出るにおいのシグナルを利用する。発生するにおいは配合成分により二五二種類に及び、そのにおいの分析結果は時間の経過により変化する。においがつけられた場所には、群れの別のメンバーがにおいを上塗りし、通りがかったよそ者は、そのあたりに棲んでいる群れの個々のメンバーの情報（年齢、性別、地位、健康状態、おそらくは気分も）と、群れ全体としての強さのどちらも知ることができる[22]。イヌ好きの人ならよく知っているように、イヌもまた肛門腺からにおいを出し、同じような分析結果になる。糞尿も自分が何者かを知らせるものだ。都会のイヌが見知らぬイヌに会うと、説明し難い嫌悪を互いに抱くように見えることがある。ほとんどの場合は、以前に嗅いだことのあるにおいによって、どちらも相手の存在にずっと以前から気づいていて、敵意を持つ何らかの理由があると思われる[23]。

多くの動物は糞尿のにおいを利用する。たとえばカバはウサギと同様に、縄張りの境界を糞で作ることを好む[24]。ロブスター（エビ目アカザエビ科ロブスター属）は目の下に尿で満たされた小さな管を持ち、その尿をほかのロブスターの顔へ向けて発射する。オスがこれをするのは戦っているときだ。ロブスターはよくけんかをするが、けんかした相手を忘れない。誰がどこに棲んでいるのかを示す地図も頭の中にある。最強のオスだけがメスとつがいを作ることができて、メスのロブスターが脱皮した直後にだけ交尾できる。メスはオスの顔に尿を吹きかけて目をくらませ、ともにしばらくダンスを踊る。つがいを作っているあいだオスはメスを守るが、メスの新しい殻ができると、オスは離れる。その後、次のメスに出会うかもしれない。メスがほかのメスと戦うことはない[25]。

ネコと同じく、ヘビはヤコブソン器官を持つ。これは口蓋（口の中の上壁部分）にある化学受容器で、においをかぐときに使われる嗅覚系の一部をなす。彼らの舌はにおいの粒子をとらえてヤコブソン器官の中に入れる。この開口部は二つあるので、彼らは世界のにおいを立体的に感じることができる。ヘビはこれを使って捕食者も獲物も見つけ出し、ほかのヘビとのコミュニケーションもとる。ヘビが通ったあとに残った体の痕跡と、通り過ぎたあとの空気にはフェロモンが含まれていて、性別や年齢、妊娠中かどうかといった情報を伝える。[26] 若いヘビはこの痕跡をたどって、共用の冬眠スペースの位置を知る。おもにアフリカ南部に生息する毒ヘビのパフアダーは、ほかのヘビがたどれるようににおいを残すだけでなく、捕食者を欺くためににおいを偽装する。[27] ヘビは触ることでもコミュニケーションをとり、一部のコブラは低い唸り声をあげる。[28]

オオカミはイヌに似たにおいのシグナルを利用する。さらに、吠え声をあげる。声の周波数とハーモニーのどちらにも、自分が何者であるかについて、そして自分たちの関係性についての手掛かりを与える。オオカミは絆が強い相手には、より長くより大きい声で遠吠えをしたり鳴き声をあげたりする。[29] 彼らの遠吠えは、お互いの情報を共有していると考えられるが、何の情報か正確なところはまだわかっていない。コヨーテもまた、自分たちが何であるかについての情報を鳴き声をあげて共有する。コヨーテの遠吠えは、自分と同じ群れの仲間を呼ぶ方法であり、そこにいることをほかの群れに知らせる方法でもある。[30]

ディンゴはオーストラリアの野生のイヌで、遺伝子的にはオオカミとイヌのあいだに位置する。ディンゴは吠えることと遠吠えをすることがある。吠えることはまれで、飼い犬よりも吠え声の時間は短く、オオカミに比べて鳴き声をあげることは少ない。遠吠えは個別のそれぞれの問題（食糧や序列づけについての話し合い）の場合があり、遠吠えの音は長距離を伝わるために広大なオーストラリアでやりとりするのにふさわしい方法だ。ディンゴは喜びの表現として群れで鳴き声をあげることもあり、それによって仲間に警告したり、ほかの群れとは直接向き合わずに群れの大きさについて情報交換したりする。鳴いているディンゴが多いほど、鳴き声の周波数は高くなる[31]。

同じ種の中ではときどき、動物のさまざまな群れにそれぞれの方言がある。クジラの歌は群れによって異なる。ときどきクジラは、別の群れで流行っている歌を取り入れて、それが自分の群れでもヒットになることがある。オウムは二〇から三〇〇匹のコミュニティで生活しており、コミュニティごとに異なる方言がある[32]。二つ以上の群れの方言を話せるオウムもいる。ミヤマシトド（スズメ目ホオジロ科ミヤマシトド属）は縄張りの境界が明瞭で、境界部分に立つと、右からは一つの方言の鳴き声、左からは別の方言の鳴き声を聞くことができる[33]。

ヨーロッパ種のシジュウカラ（スズメ目シジュウカラ科シジュウカラ属）〔訳注：学名は*P. major*。同じシジュウカラ属（*Parus*）には日本のシジュウカラ（*P. minor*）、アメリカコガラ（*P. atricapillus*）も含まれる〕にも方言があり、彼らの社会規範の伝達についての研究も行われている。研究者はまず、食べものを入れるための（鳥籠のような）カゴで赤い扉と青い扉のついているものを用意した。その中に、シジュウカラにとって特別なごちそうのミールワームを入れ、捕獲したシジュウカラたちに赤か青どちらかの扉の開け方を教えた。それから彼らを野生個体群の中へ放したところ、すぐさま彼らは群れの中で、ミールワームの取り出し方を伝えだした。群れの鳥には追跡用の小さな発信器を取り付け、どの鳥がミールワームを獲得したのか、その際にはどちらの扉を使ったのかを記録した。二〇日後には群れの四分の三の鳥が扉のしくみを理解して、その大多数が、最初のシジュウカラから教わった扉を選んでいた。また、カゴをいったん撤去して、一年後に戻すと、シジュウカラたちはすぐにまた同じ扉を使い始めた。これは驚くべきことだろう。カゴが戻される前に、元の群れの鳥のうち五分の三は死んでいなくなっていたからだ。安定した社会的群れで生活する人間以外の動物にも社会規範はおそらく存在しており、行動上の新しい工夫、すなわち新たなスキルの伝達が、群れの生き残りに役立っている[34]。

動物は自分が誰かを知っているかどうか、あるいは自分が誰それであるという事実に気づいているかどうかを調べるために、研究者はミラーテストを開発した。動物の額に小さな丸型の赤いシールを貼り、（鏡を見たときに）動物がシールを剝がそうとすれば、自己認識の現れ、つまり、動物が鏡に映っているのは自分自身だと認識できる、ということになる。ゾウ、カササギ、チンパンジー、ブタ、そのほか多くの動物はこの自己認識があることが判明している。だが、ミラーテストには問題もある。第一に、額にシールがついていても気にしない動物もいる。第二に、鏡に映る自分を見ることは文化的になじまない動物もいる。第三に、視覚よりも重要な感覚を持つ動物には適さないということだ。

第一のポイントから考えてみよう。ゾウは涼しくすごしてかゆみを抑えるためにぬかるみを使うので、自分の肌についたシールのような小さいことは気にしない場合が多く、それゆえ、知能が高く社会的関心を持った態度を示すにもかかわらず、ミラーテストのスコアが低い[35]。第二の文化的側面はゴリラで見られる。彼らは社会的動物で、自己認識があると思われているが、もともと恥ずかしがりで、彼らのあいだでは長く目を合わせることは少ないので[36]、彼らもミラーテストではスコアがとても低い[37]。ちなみに、同じことは欧米以外の文化圏の子どもたちの一部にもあてはまる[38]。ケニアの子ども八二人のうち、テストのスコアが合格に達した（つまり、自己認識があると判定された）のはたった二名だが、欧米人の子どもならほぼ例外なく合格する。これは明らかに、文化的な違いであって、認知的な差異ではない。第三には、このテストは視覚がよくない動物には不向きということだ。イヌは視覚よりも嗅覚に注意を向けているので、マーク・ベコフはミラーテストに変更を加えたイエロースノウテストを考え出した[39]。イヌがにおいの世界で暮らしていることからヒントを得て、雪の中からおしっこを集めて実験を行い、自分のイヌがどんな反応をするかを調べた。実験に参加させたイヌのジェスロは、自分のおしっこを嗅ぐ時間がほかのイヌのおしっこを嗅ぐ時間よりもかなり短かく、他のイヌのにおいプロファイルには、自分のものとは明らかに違う反応をしていた。

食糧と愛

群れで暮らす動物がそのように暮らす理由は、食糧を探し、子どもらをともに育てるにはそのほうが安全だからだ。しかし、群れでの生活にもデメリットがある。たとえば、食糧不足のときには争いが起こる。

群れで生きる動物には、そうした問題が起きたときに連絡を取り合うための充実したシステムがある場合が多い。アリはそれぞれが無秩序に餌を探しにいくが、コロニーとしてのアリたちは餌発見システムを利用する。それは次のようなものだ。偵察アリが無秩序に食糧を探す。食糧を見つけると、通り道ににおいの跡を残しながら巣に戻る。ほかのアリたちはその跡をたどって食糧を見つけ、彼らもまたにおいを残しながら巣に戻るので、食糧へのルートはどんどん効率的な道になっていく。[40] 年をとったアリは、若いアリよりも餌を見つけて近道をたどるのがうまい。

ハリナシミツバチ類には、食糧の場所を伝える動きに豊富なレパートリーがある。[41] ダンスをし、音をたてて、複雑な化学シグナルを使う。シグナルはさまざまなにおいからできていて、においのそれぞれが、文の中の単語のようだ。ハリナシミツバチ類のある種は、自分の巣の化学シグナル（フェロモンの含まれるにおいの痕跡）を好む。これは学習によるものであって、生まれつきのものではない。

動物はそれぞれのあいだでも食糧を分け合う。親は自分の子に餌をやるが、群れの親子でない動物のあいだでも助け合うこともあり、ときにはすぐに見返りを求めないこともある。互恵的利他主義のパターンで、他者がお返しに同じことをするのが期待される場合が多い。吸血コウモリ（コウモリ目チスイコウモリ科）は互恵的利他主義をよく示している。彼らは哺乳類の血液を餌とし、夜間にそれを探し出す。餌が七〇時間食べられないと死んでしまうので、餌がとれなかった不運な仲間には、飲んだ血液を吐きだして与える。これは通常は血縁関係のあるコウモリどうしで起こるが、必ずしもそれだけではない[42]。ロドリゲスオオコウモリ（コウモリ目オオコウモリ科）は、メスで互恵的利他主義の行動が見られ、血縁がなくても助け合って出産する[43]。

ちなみに、警戒声もまた互恵的利他主義の一つの形だ。発声した動物は、ほかの動物を助けることが目的で注目を集めるのだ。一つの群れですべての動物が同じことをすれば、群れはより安全になる。動物が警戒声を出すのは、ほかの動物たちも発声しているからであり、協力の一つの形に参加しているのだ。毛繕い（グルーミング）にも同様の働きがあり、動物どうしの絆を強めている。

特定の種の記憶については食習慣からもわかる。チンパンジーは三年前によい果実がなっていた木を覚えていて、のちに、食べられる果実がないかを確かめに戻ってくる[44]。おもに果実を食べているハイイロネズミキツネザル（サル目コビトキツネザル科ネズミキツネザル属）は、果実より手に入れやすい樹皮や葉などを食糧にしている動物よりも、優れた空間記憶力を持つ。果実は、特定の場所においてのみ一年の決まった時期に手に入るので、ハイイロネズミキツネザルは自分の食糧の場所を覚えておくことが得意でなければならない〔45〕。シジュウカラやカラス、カケスは、自分の食糧を秋に隠して、その場所を覚えておくので、冬にそれを見つけ出せる〔46〕。アメリカカケスは、見られている相手によって餌をとる戦略を変える。彼らは視野の範囲内に見知らぬアメリカカケスがいれば、手にした餌を食べてしまうし、聞こえる範囲内にいれば、音をたてないように隠す。または、相手のカケスとの関係によっては相手の目の前で、食べものを貯蔵するだろう。これは経験に基づいた予測を用いているということだ。つまり、ほかの鳥が食糧の隠し場所を見た場合に、それを盗むかどうかを彼らは知っており、盗まれることを未然に防ぐ〔47〕。

食糧は、動物が信望を高めて群れでの地位を強化するのに役立つこともある。おんどり（オスのニワトリ）は、メスが近くにいなければ、黙々と食べる。その後、自分の信望を高めることを期待して、自分の見つけた食べものについて大きな声で叫ぶ。ときには、食糧が手元になくても、ただメスをおびき寄せるためにフードコールを利用する〔48〕。そこで私たちは愛というテーマに至る。食べものをひけらかすのは相手に感銘を与える方法の一つだが、もっと仰々しい形態で誇示する鳥もいる。

ニワシドリ（スズメ目ニワシドリ科）のコレクションは美しい。カタツムリの殻、葉、花、プラスチックのかけら、小石を集めて、ベリーの果汁で色をつける。あるいは、明らかにこれと同じ目的で、甲虫を殺す。小さな青い羽を得るためには鳥さえ殺す。ニワシドリはそうして集めたものを材料にしてバウワー〔訳注：樹木の陰にある休憩所の意味。あずまや〕を作る。そこで、歌ったり踊ったりしてメスをおびき寄せる。するとメスは見物しにくる。そのバウアーを気に入れば、オスと関係を結ぶだろう。だがメスは飽きっぽいので、オスは自分のバウアーの手入れにずいぶんと長い時間をかけ、精一杯のダンスを踊る。それでも、別のオスの邪魔が入って振り出しに戻ることもある[49]。

アホウドリ（ミズナギドリ目アホウドリ科）は一夫一婦制で長寿な（六〇年ほど生きる場合もある）ので、パートナー選びとなると極めて慎重だ。込み入った求愛儀式には、複雑なダンスがあり、羽毛に対して鳴く、見る、指し示す、つつくといった儀式的な行動がすべて盛り込まれている。彼らは年長の鳥をそっくりまねることができれば、この身体言語の規則と原理、構造を素早く習得できる。彼らは五歳になると性的に成熟し、それから数年間は、毎年数か月にわたる交尾期にさまざまなパートナーとダンスをして、毎年そのダンスに磨きをかける。そうして、年ごとにダンス相手の数は絞られていく。最終的に三、四年後には本当に愛する唯一の相手が残る。

そうしてともにすごす二羽は、何年も踊り続ける求愛ダンスで自分たちだけの言葉を育む。ダンスはそのつがい独自のものなのだ。たいていはそのまま生涯にわたってともにすごす。[50]

アメリカアオリイカは皮膚に色素胞がある。つまり、細胞が生物学的色素を持ち、光を反射するのだ。そのため、細胞に付着した筋肉を緊張させたり弛緩させたりすることで色を変えられて、たとえばカモフラージュの色を呈すことや、イカどうしでコミュニケーションをとることができる。オスがつがいたいメスを見つけたときに、自分の皮膚に浮かぶ色のパターンで感情を示す。するとメスは、相手の見た目が気に入れば、そのことを自分の色で示す。たいていは、あたりにたくさんのライバル、つまりそのメスとつがいたい別のオスたちがいる。イカは相手の一匹だけでなく、同時にさらなる二匹とコミュニケーションを取れる。メスに面している皮膚ではメスにシグナルを送りつつ（白い縞は交尾の誘いだ）、ほかのオスに面している皮膚では、失せろというシグナルを出す。メスが縞模様を示して反応を返し、体をどんどん暗い色にしていくと、交尾したくないということだ。色のパターンは急速に変えることができるし、かなり複雑なので、人間には具体的に何の情報が交わされているのかわからない。色の変化には文法があると考える研究者もいる。[51]アオリイカのあいだでは完全に理解し合っている。

色は魚類など多くの種における重要なコミュニケーション方法でもあり、多くの種がカモフラージュの色を纏(まと)うことができる。サンゴ礁に棲む魚は鮮やかな色彩で、アオリイカのように色を変えられる。彼らは紫外線（人間には感知できない光）を利用することもできて、[52] サンゴ礁とコミュニケーションをとる。[53] ブダイ（スズキ目ブダイ科）の一種は、捕食者が近くにいると尾びれに目玉模様を出すことができる。[54] アオリイカと同様に、魚の色は複雑な言語だと考えられているが、まだほとんど解明されていない。彼らは恋人を口説くために（そのほかのことを話し合うためにも）、うなったり、おしゃべりしたり、ポンと音を鳴らす。そうした音声を出すには、浮袋、つまりおなかの中の気体で満たされた袋を振動させる。[55] どんな魚にもこの音が聞こえるが、すべての魚が音を出せるわけではなく、話せるかどうかは種によるし、おそらく個体にもよる。ホウボウ（カサゴ目ホウボウ科）は、最も口数の多い魚だ。唸り声のような音を実際に一日中出している。[56] タラ（タラ目タラ科）は音声が特に重要というわけではなく、音を立てるのは放卵しているときだけだ。その音により、メスの放卵とオスの放精が同時に行われる。[57] ビッグアイ（スズキ目ハタンポ科の *Pempheris adspersa*）は、はじけるような音を出す。それをほかの魚はモールス信号のように解釈する必要がある。[58]

多くの動物は意中の相手の注意を引くためにダンスをして、自分のよいところを見せつける。シオマネキ（エビ目スナガニ科シオマネキ属）のオスは、体重の三分の一ほどもある非常に大きなはさみを持つ。巣穴の前に立って、メスの気を引くためにその大きなはさみを使って一種のダンスを踊る。また、はさみを使った腕相撲で争うこともある。[59] フラミンゴは群れでダンスをする。

首を上へ伸ばしてステップを踏み、くちばしを高々と上げて頭を揺する。ダンスが終わると、カップルに分かれて交尾する。[60] オスのハリオセアオマイコドリ（スズメ目マイコドリ科セアオマイコドリ属）は黒くて頭が赤く背が青い鳥で、メスを誘惑するために群れで姿を現す。オスたちはメスのそばで一列に並ぶ。メスに最も近い場所のオスは、隣の枝へ飛び移って、列の最後尾に並び直す。空いたところに次のオスが移動し、同じことを繰り返すので、オスの列がベルトコンベアーのように動いていく。その後、優位のオスはメスの気が向けば交尾する。ほかのオスは、優位のオスに気に入られるように、あるいは、自分がいつかアルファオス（最優位オス）になろうと考えて、たいてい優位のオスを援助する。[61]

もちろん、恋人候補に好印象を与えるために声を使う動物もいる。パンダのオスは、好きなメスの気を引くために、ヒツジのメーメーという鳴き声に似た音声を出し、メスはそれに興味を持てば、鳥のさえずりのような声で応える。その結果、ときどき赤ちゃんが誕生する（パンダの赤ちゃんは、少し不機嫌になると「ワウワウ」、おなかがすくと「ギーギー」と鳴く）。動物園の最近の研究によれば、人間が遺伝子選択によってパートナーを選んでやるよりも、パンダが自分で選ぶほうが、パンダに赤ちゃんが生まれる確率がはるかに高くなるという。[62] 中国の研究者はパンダをもっとよく理解するために、パンダの通訳機に取り組んでいる。パンダの理解が進んでパンダの保護にも役立つことが期待されている。[63]

多くのクモでは、愛の儀式はかなりデリケートなものだ。オスは行動を起こす前に、まず網（クモの巣）に精液を一滴たらし、そこから吸い上げて触肢（頭胸部についている前肢）にたっぷりと精液を付着させる。次に、メスを探し出さなければならない。オスは前肢に化学センサーを持ち、メスが網を張るときに分泌するフェロモンを感知する。メスが見つかると、オスはライバルを追い払わなければならないので、ほかのクモがメスに手を出せないように網を壊すこともある。ほかのオスがすでにいる場合は、戦いを始めることになる。うまくいった場合には、次はメスに対し、自分が網につかまってしまった餌ではなく、交尾を望んでいる同じ種のオスだということを知らせる必要があるので、ニワオニグモ（クモ目コガネグモ科オニグモ属）の場合は網でリズムをかき鳴らすが[64]、コモリグモ（クモ目コモリグモ科）とハエトリグモ（クモ目ハエトリグモ科）は目がいいのでダンスをする。コモリグモはしばしば贈りものとして、餌を包んだもの（あるいは、交尾を強く望んでいるのに本物の餌が見つからない場合には貝を包んだもの）を持ってくる[65]。するとメスは、自分も交尾したいと答えたり、あるいは気が乗らないという返答として、網を揺らしたり逃げ出したりする。ときには、オスはメスに食われるかもしれないという危険を冒して、とにかく行動を起こすのだ。

衝突と、さまざまなものが混ざったメッセージ

自然を描いた映画は動物の世界が暴力的であるかのように示すが、攻撃的なメッセージは敵を追い払うためのものなので、衝突は回避される場合が多い。戦うとけがを負うこともあり、ふつうは治療もできなくて危険なので、ほとんどの動物は実際に戦うのは避けたいと思っている。つまり、ほとんどの攻撃的なコミュニケーションは、「はったり」か、追い払うことが目的で、戦いを挑んでいるわけではないということだ。

衝突が起きているとき、私たちは言葉を大いに利用するが、同じことはほかの動物にもあてはまる。トカゲは体を使ってほかのトカゲとコミュニケーションをとる。たとえば、二匹が向き合ったまま、一方が逃げ出すまで腕立て伏せのようなことをする種もある。コウモリはお互いに向かって飛び、複雑に組み合わさった音を発生させる。それに対して相手のコウモリが、もっと複雑な音で返事を返すこともある。モルモットは歯をガチガチ鳴らす。アカゲザル（オナガザル科マカク属）には、五種類の攻撃声〔訳注：aggressive callの訳語。縄張りを維持するために、他者を追い出したり攻撃したりするときに発する声〕がある。マカク属のほかの種もさまざまな攻撃声を持つ[66]。ネコはすみかの近くでは、特定の場所を占有し、別のネコを睨みつけて追い払う。多くの人は一匹のネコがもう一方のネコを追い払ったことには気づきさえしないが、ネコにとっては大きな意味のある交流だ。

チャールズ・ダーウィンは著書『人及び動物の表情について』(浜中浜太郎訳、岩波書店ほか)[67]で正反対をなすものの原則を提示している。それによると、特定の感情は正反対の表現になるという。イヌは怒っているとき、自分を大きく見せて、威嚇的体勢をとり、低い唸り声や吠え声を発するだろう。反対に、イヌは怯えているとき、自分を小さく見せて、服従の態度を示すだろう。イヌがこれらの態度を示すのは確かだが、動物の発するメッセージの多くは、ダーウィンが唱えるほど明瞭ではない。地位が不安定な多くのイヌが攻撃を続けても、やりすぎにならなければ、優位のイヌはあからさまにくつろいだ態度でいるだろう。イヌは「プレイボウ」などで、自分を同時に大きくも小さくも見せることがある。プレイボウは、イヌが頭を下げてお尻を高く上げるお辞儀のようなしぐさで、ほかのイヌを遊びに誘うときに見せるものだ。それぞれの姿勢は情報を伝えるだけでなく、姿勢の変化で緊張の高まりや緩和を示すこともある。

一部の生物学者は、動物の出す音にもダーウィンの原則があてはまる場合があると主張する。つまり、唸り声のような低い音声は怒りと優位性の表現だが、すすり泣きのような声やキーキーというような高い音は、怖がっていることを示すというものだ。スロボドチコフは、確かにそういう場合もあるが、つねにそうだとは限らないという。多くの伴侶動物は、怒っている低音の人間の声が、人間の優位を示し自分に罰を与えようとするもので、甘ったるい高い声は自分を励ますものだと知っている。人間も、人の低い声を自分より優位なものとして感知する。一九六〇年以来、アメリカ大統領選では毎度、最も低い声の候補者が大統領に当選している（アル・ゴアは一般投票で勝利しているので例外だが、選挙人団の票は獲得できなかった）。女性に対する差別はおもに性別の問題ではなく、声や身長など本人に自信を与える身体的特徴の問題だと考える人々もいる。これらの要素が私たちに自信を与えることは、もちろんジェンダーについての考え方につながる。

ワピチ（アメリカアカシカ）とアカシカ（どちらも偶蹄目シカ科シカ属の種）は似ているが鳴き声がまったく違う。ワピチは非常に高い周波数の声で叫びをあげて、最後には爪で黒板を引っ掻くような音になる。[68] アカシカは低く震えるような音で唸り声をあげる。相手の大きさに合わせて周波数を変え、敵が大きいほど鳴き声は低音になる。[69] ハナジロハナグマ（ネコ目アライグマ科ハナグマ属）には、敵意を示す低い声と、友好的な交流のための一連の高い音声があるが、これらの両極端のあいだには、音声の多種多様なバリエーションがある。低音はいつも敵意を意味して、高音はいつも友好的であることとか恐怖に関することだろう、などと一口に説明することはできない。[70] そのように簡略化しすぎた説明では、動物のメッセージをあまりにも単純化しすぎているだろう。

コミュニケーションと言語の違い

多くの人々はコミュニケーションと言語とを区別し、動物に可能なのは前者だけで、人間はどちらもできると考える。スロボドチコフによると、[71] 動物行動学者はコミュニケーションを、三つの要素「送り手」「受け手」「シグナル」による閉じた系として考える。この閉じた系では、すべてが本能に基づいて起こり、動物は生まれつきそなわっているやり方で反応する。餌動物(被食者)は、たとえば捕食者がこちらに向かってくるのがわかると、ぴたっと動きを止め、捕食者がさらに近づくと逃げ出す。捕食者との距離が生来の反応を引き出す。他方、言語は開いた系で、動物の心の中と外の世界のどちらにおいても、問いと答えにさまざまな選択肢がある。動物は、示された状況に工夫して対処して、意義のある選択ができる。

すべての脊椎動物には、ネアンデルタール人など大昔に絶滅した種も含めて、言語遺伝子として有名なFOXP2遺伝子が見つかっている。[72] この遺伝子は言語に寄与するだけでなく、学習のやり方にも関連する。これと同様な遺伝子を無脊椎動物が持たないというわけではなく、違った進化をしてきた動物においても体が進化を通じて、同じ問いに対して違う答えにたどり着いていることが、ときどき見受けられる。進化の観点から、鳥類は何百万年も前に哺乳類から分岐したが、どちらの種も同じような反応をする能力がある。鳥類の脳は、哺乳類の脳とはあまり似ていないが、同じ種類の知的な反応を生み出せる[73]。

進化論的な観点から見れば、人間は言語を持つがほかの動物は同様のものを持たないというのも、言語と直感ベースのコミュニケーションとにはっきりした境界があるはずというのも、おかしな話だろう。人間とほかの動物の違いは程度の違いであって、種類の違いではないと、すでにダーウィンが論じている。動物の感情や、道徳規範、正義を研究しているマーク・ベコフはこの見方に倣い、「われわれが持っているものは、彼らも持っている」と主張する。つまり、人間が愛情や、喜び、悲しみを感じれば、ほかの動物も同じく感じる――まったく同じ感じ方をするというわけではないが、同じように感じるということだ[74]。

スロボドチコフは、言語の基礎は、ある動物から別の動物へ特定の文脈の中で受け渡される有意のシグナルだと主張する。これは、学習によって得られる場合もあれば、生来のものである場合や、それら両方の場合もあって、人間とほかの動物のどちらにも見られる。人間では、たとえば笑顔などの表情は生来のものだが、文化の中で特定の状況で学習することもある。前述のように、動物の発信するシグナルは無秩序ではなく、特定の構文規則により順序づけられていることが多い。それには、コガラや、ニワトリ、ハチ、トカゲ、オオカミ、プレーリードッグなどがあてはまる。さまざまな動物の言語にも文法がある。進化的な観点から見れば、これには意味がある。すなわち、すべての種類の動物は言語を使って情報を統合し、分類し、まとめているということ、そして重要なのが、可能な限り効率的にこれを行っているということだ。

一九六〇年代に言語学者のチャールズ・ホケットは、ある言語が、言語であるために満たさなければならない基準一三項目をあげた。この基準は今でも動物の言語についての議論で引用される。[75]最初の六項目は、たいていのコミュニケーションシステムにあてはまるだろうし、実際にほかの動物の言語にも見られるということに議論の余地はない。以下にその六項目をあげる。一、情報の発信と受信のための感覚システムがある。二、シグナルを広範囲に発信することと発信されたシグナルを受信することができる。三、シグナルを出したら素早く消えて、新たなシグナルが伝えられる。四、同じ種の中で互いのシグナルを理解できる。五、自分の発するシグナルが聞こえる。六、情報伝達専用のシステムである。また、以下にあげる残りの項目は、人間以外の動物にあてはまるかどうかが議論になっている。項目七と八は意味についてのものだ。七、意味性、つまり言葉に意味がある。八、恣意性、つまり何を指す言葉でも、もともと言葉がそれの指すものに必然的な結びつきはなく、抽象的な記号である。さらに、以下の項目がある。九、言語は、分離したユニット（単語など）の集まりで作られる。一〇、言語は、意味を持つ言葉と、意味を持たない音節という二つのレベルでできている。一一、新たな言葉を作り出せる。一二、文化の伝達や世代間の伝達（伝統）がある。一三、別の場所や違う時間に起きた出来事についての情報が伝えられる。

文化の伝達はさまざまな種で実証されている。鳥類の多くは、自分の親から鳴き声を学ぶ。動物の群れの方言も、文化の伝達についての洞察を与える。ある言語がいくつかのユニットからなっていて、そのユニットがまた他のいくつかのユニットで構成されているというのは、プレーリードッグや特定の鳥の言語にあてはまる。音が意味を持つことは、警戒声についての考察から明らかで、この意味がどの程度、個々の鳥の判断に任されうるのか、抽象的な記号に言及しうるのかは定かではないが、その可能性があるのは確かだ。霊長類やオウムのアレックスとのコミュニケーションで、動物が新しい物体や状況に対して言葉や言葉の新しい組み合わせを作れることが明らかになってきた――プレーリードッグが「卵形の未知の危険物」と表現したことは、まさしくそれである。これは、動物たちの種固有の言語で、頻繁に言葉の新しい組み合わせが作られる確かな証拠ではない（まだわかっていない）が、動物にはそういう可能性があることは実際に示されている。未来か過去に注目したり、あるいはどこか別の場所のことを話し合ったりする動物のコミュニケーション能力は、挨拶や遊び行動の研究で実証され、クジラとゾウがそうした情報を交換しているという兆候もある。

動物の言語は言語なのかどうかをさらに探求するために、スロボドチコフは言語の重要な特徴として回帰性についての現代的考察をあげる。言語の回帰性は、文章にさらなる意味を加えるために新たな文章が組み入れられるときに生じる。例えば、「ゾウが低周波音で情報を伝えるとエヴァがいう」という文章の中で、「ゾウが低周波音で情報を伝える」という文章は、それより大きな文章の中に存在する。これが人間の言語の最も重要な特徴だと考える言語学者もいる。だがゾウの例が示すように、ゾウの言語にもこれがあてはまる可能性は十分にあり、さまざまな鳥の言語でも確かに存在することが証明されている[76]。

そして、スロボドチコフは第二の特徴として、効率のよさをあげる。これは言語がいかに正確かをいっている。ある概念もしくは物体を確実に表す単語があるなら、何かの説明に全段落をあててそれをぼんやりおおまかに表せるだけの場合よりも、正確になる。ほかの動物はこれが非常にうまいと彼はいう。たとえば、プレーリードッグのある単一の警戒声は、数分の一秒程度の長さで、タカに狙われているから避難が必要だと仲間に伝えられる。人間が最大限できることは、「見ろ!」とか「上だ!」など何か叫ぶことだ。

これまで述べた例は、もちろん、すべての基準を満たす動物がいるという完璧な証拠にはならないし、実際、それには程遠い。だが、まだ初期段階とはいえ研究は、動物がコミュニケーションをとること、そしてそれは以前に考えられていたよりも複雑な方法ということ、さまざまな種におけるそうした一定の特徴が人間の言語に相当することを示している。このため、人間の言語を特別な存在とする考えが疑われて、言語とは本当は何なのか、それをいったい誰が決められるのかという疑問が生じる。動物の言語には、人間の言語にない特徴があるといっていいだろう。色のパターンや化学的なにおいシグナルによるコミュニケーションのニュアンスを真に理解することが、やがてできるようになるのかはわからない。人間が決める言語の定義は人間に都合よくできているのがつねなので、ほかの動物の言語について考えるときには、そうした特徴を含めて考えなければならない。だが、ここにあげた特徴についての研究も無意味ではなく、動物の言語の構造や、人間の言語との類似点について、洞察を与えてくれるだろう。さらに、そこから動物の社会的な交流や生活について深い理解が得られ、さらなる研究課題へと展開させることができるだろう。

第3章

動物とともに生きる

ボーダーコリーのチェイサーは、三年間の特訓で一〇二二個のおもちゃの名前を覚えた。彼女の語彙は人間の三歳児よりも多い。要求に応じておもちゃを持ってくるだけでなく、ボールはボール、人形は人形へと、分類することもできる。言葉が物に紐づけられていること、口頭での指示が物に紐づけられていること、そして名前が物にも分類にも紐づけられる場合があることを理解している。[1] チェイサーは記憶力がいい。チェイサーのトレーナーで伴侶（飼い主）のジョン・ピリーは、物の名前を覚えておくためにそれぞれ直に名前を書いておかなければならなかった。チェイサーは推論もできる。新しい言葉を聞くと、それまで名前を知っていた物を排除して、新たな言葉に紐づけられている物を置くことができるのだ。この研究は、動物に人間の言葉を話せるように訓練する言語の習熟の研究に似ているようで、違う。チェイサーには言葉を復唱させる方法はとられなかった――人間の言葉を教え込むことは重要ではなかった。チェイサーが覚えた言葉は物に結びついているので、実験は異なる基準で定義されている。理解とは、物をとってくるという文脈と物の分類化における理解を意味するのであって、抽象的な概念の学習のことではない。

チェイサーに三年間、言葉を教えたところで、ピリーはうんざりしてしまったのだが、続けていればチェイサーがもっとずっと多くの言葉を楽に習得できただろう、とピリーは考える。その後、ピリーとチェイサーは文法に取り組み始めた。チェイサーは文章と簡単な文法を理解する。[2] おもちゃのキリンをヒョウのところに持っていくように頼まれれば、そのとおりに持っていく。ヒョウをキリンのところに持っていくように頼まれれば、またいわれたとおりにする。組み立てた簡単な文章をイヌが理解するのは、以前の研究ですでに実証されていることだ――ふつうの人々も、自分の伴侶動物が「こい」や「ボールをとってこい」という命令に反応するときに、たいていは気づいていることだ――が、チェイサーはこの種の文法を理解していることを直観的な行動で示し、ピリーは報酬を与えることでもっと先へ発展させた。ピリーはチェイサーの文法に関する才能が、彼女の犬種にある程度関係があると考えた。ボーダーコリーは牧羊犬としてしつけられてきたので、ヒツジを監視しているときも人間に注意を向けている。だが、ボーダーコリーはこういう知識を素早く吸収するかもしれないが、ピリーは他の品種のイヌも同じことをする能力があるだろうと考える。チェイサーは多くの言葉を知っている唯一のイヌではない。ドイツのボーダーコリーのリコは、三〇〇単語を覚えて、物を分類することができた。[3]

イヌと人間はともに進化したので、特別な関係だ。歴史と家畜化の過程を長くともにしてきたことで、イヌは人間に、また人間もイヌに結びついている。そしてどちらも、互いの文化の一部になっている。イヌが吠えることを始めたのは、人間とコミュニケーションをとるためで、人間はその吠え声に耳を傾け、それの意味を汲み取れるようになった。[4] 人間はイヌの吠え声の録音を聞けば、そのイヌの気分がわかる――伴侶動物としてともに生活しているイヌでなくてもわかるのだ。人間は録音の唸り声の加減から、イヌが何を欲しているのかも理解できる。イヌは人間の顔の部分の写真を見せられると、写っている人がどう感じているのかを推し量ることができる。声を解釈するなら、イヌにとってはもっと簡単だ。これは家畜化の結果によるところが大きい。イヌは野生の仲間のオオカミよりもはるかにうまく、人間の身振りや表情を読み取ることができる。人間がかぶせたコップの下に食べものを隠し、同様の空のコップも並べた実験をすると、イヌは人間の指示に従って、まずはその人が指さしたカップのにおいをかぐ。同じ状況では、オオカミは人間を無視して自分の鼻に頼ることが多い。これに関してはありとあらゆる同種の実験が行われてきた。オオカミはたとえ人間に育てられても、指でさすなど身体的な人間の指図を感知しないのだ。よって、これは訓練の問題ではなく、家畜化に関する問題だ。

オオカミの行動に基づいてイヌ科動物について説明――イヌのアマチュアトレーナーが好む方法――をしようとする人々は、家畜化によってイヌは体だけでなく心(プシュケー)も変わったということを忘れがちだ。互いに対する注目は、私たち、すなわちイヌと人間が、いっしょの暮らしで学んだ何かというだけではない。数万年にわたって共有した歴史が及ぼした遺伝的影響でもある。その好例として、最近の研究によると、お互いのことが大好きな一匹のイヌと一人の人間がいて、両者が顔を見合わせるとき、オキシトシンを生じるという。このホルモンは、愛する人と会ったりハグしたりするときに分泌されるので、抱擁ホルモンとも呼ばれている[5]。

生物学者で科学哲学者でもあるダナ・ハラウェイの指摘によると、イヌは家畜化のプロセスに積極的に参加して、社会文化的観点からも個別レベルでも大きな影響を及ぼしているという。ハラウェイは、自分のイヌであるカイエンペッパーとの関係を例にとる。カイエンペッパーは自分の人生の一部であり、いっしょに何かをすることで、互いの絆が強まり、共有する世界が確かなものになるという。彼らはともにアジリティトレーニングをする。これは、新たな種類のスキルすべてを、イヌだけでなく人間も学ぶことが要求されるスポーツだ。このトレーニングによって、ハラウェイは自分の周りの世界を感じ取る知覚が変化した。自分がイヌに似てきたからではなく、と冗談めかしていう。新しい知識と経験によって世界を見る目が豊かになったから、とのことだ。イヌとともに新しいことを学ぶとき、起こることに対してはイヌが影響を与え、それが次に私たち自身の世界観に影響する。ハラウェイは、この相互作用の物理的および身体的な特徴を重視する。つまり、イヌとともに働いたり動いたりすることで、人間の体と心が変化する。人間はたんなる「脳がついた棒切れ」（知的だが人間味がない人）ではない。私たちはフェロモンやオキシトシンに反応して、身体的な反応でシグナルを送る。

ほかの動物と共有した世界を作るときにも、言葉は役割を担う。イヌのトレーナーで哲学者のヴィッキー・ハーンは、私たちが人間以外の動物に言葉を教えるとき、その動物と人間の世界は広がるのだという[6]。ハーンはここでウィトゲンシュタインに言及して、私たちが新しい言語ゲームを習得するとき、「暗闇を読むことを習得する」のだと書いている。これは、イヌと人間が概念や言葉をまったく同じように理解するという意味ではない。人間はおもに目を使うように適応しているが、イヌは鼻を使う。イヌの視覚はあまり優れていない――人間のおよそ六分の一以下で、色は見えないわけではないが、見える色は少ない。ただし、においについては人間の一〇〇〇倍から一〇〇万倍の感度がある。以上は推定値で、正確な数値はわかっていない。においの感知能力は、イヌの品種によって異なる。たとえばパグやプードルに比べて、長い鼻の品種のほうがにおいの感知能力が高い。人間は自分の位置を視覚で確認するが、イヌはにおいの地図を作る。複数のにおいの混合物から、個々のにおいを判別できる。私たちが豆のスープのにおいを感じるとき、イヌはニンジン、ポロネギ、豆、そのほかの材料成分のにおいを感じる。理解するためには、人間はこのことを心に留めておかなければならない。イヌと人間が連れ立って何かを追跡するとき、それぞれは違ったやり方で周囲の状況を感じ取る。人間は目で見て進み、イヌは鼻を使う。それでも、どちらも同じ仕事に取り組んでいて、経験と実践を通じて行動は意味を獲得する。

言語ゲームを学ぶことが、動物と人間の世界を充実させる。そうすることで動物と人間はいっそう複雑なやり方でコミュニケーションをとれるようになり、たとえばそれにあてはまるのは、人間がイヌに「とってこい」を教えるときだとハーンは書いている。ハーンはポインターのソルティにダンベルをとってくることを教えた。ソルティはこの言語ゲームを教わることで、以前よりも豊かに自己表現ができるようになった。彼女はほかの物をとってきたり、ダンベルを別の人に渡したりすることができるようになったが、創造性を表す機会も得たのだ。冗談の行動がそれだ――あるときは、ダンベルをとってこいと要求されて、彼女は代わりにゴミ箱の蓋をとってきた。

ハーンは、言語ゲームの学習には序列があり、人間が学習の内容や方法を決めるという。それでも、言語ゲームに人間以外の動物も加わるとき、ゲームの正確な形態はあらかじめ決まってはいない。むしろ、対話においては一人の人間もしくは一匹のイヌが開始して、相手がそれに反応し、開始したほうがその反応に対して応える、という具合だ。イヌは情報を受け取るだけの受け身の存在ではなく、自らの行動によって相互作用の形で影響を与えうる。このプロセスは終わりが決まっていないので、長年いっしょに暮らす人間とイヌのあいだでは、共有する理解を増やし続けていける。

人間とほかの動物は、ある特定の社会的環境に生まれる。この環境が私たちを形作り、私たちはこの環境を形作る。私たちが環境を形作る方法の一つとして、言語を利用する。この方法で、自分自身のことや自分を取り巻く世界を理解できるようになる。私たちは他者に影響を与えるためにも言語を使う。ドイツの哲学者ハイデッガーは言語と世界をequiprimordial、つまり同じように根源的なものと見なした[7]。これによって彼は、世界より以前に言語は存在せず、言語より以前に世界は存在しない、といったのだ。世界が発展するのは、私たちが自分の考えを表現し、世界に意味を与えるからだ。世界が存在するとは、私たちが自分の考えを表現できて、意味を与えることできるということだ。ハイデッガーは、人間以外の動物は自分を世界の中の自己として理解することができないから、言語を持てないと考えた。彼の考えは当時の生物学者たちの研究に基づいていた。特に、ヤーコプ・フォン・ユクスキュルは、動物はみな自分の「環世界（Umwelt）」の中に固定されていると考えた[8]。動物は自分の置かれた状態を自覚して、自分の知覚でその状態を感じ取っている。環境はその状態によって決まるので、すべての動物の環境はそれぞれ違う。クモはクモとして世界を知覚し、クモの考えだけを抱くことができる。ハイデッガーは、人間だけが、こうした環境の違いを越えられるのだという。人間は直接経験した世界を越えて、世界について考えることが可能であり、それを言語によって行うのだといっている。しかし、現実世界には、それよりはるかに微妙なニュアンスが含まれていることは、前述の数々の物語が示している。人間以外の動物たちは、自分の周りの状況が意味することを自分の言語で理解しているのだ。人間が人間としての自分自身を真に理解しているかも、疑わしいだろう。

ハイデッガーは、動物は死の概念を言語で持たないので死ぬことはあり得ない、とさえ書いている。これはもっとものように思われるかもしれない。動物は遺言を書き残さず、自分たちの死すべき運命を認識しているとか死の抽象概念を知っているといったことを、私たちに言葉で示していない。だが、この論理を使えば、私たち人間は死ぬことができるのかという疑問が生じる。私たちは死んだ人が二度と戻らないことや、死体は生きていないことを知っているが、この知識は生と死というもっと大きな謎を解消していない。死とはいったい何なのかがわからないために、私たちは死後の世界の物語にこれほど惹かれるのだ。動物と人間は、違うやり方で自分を表現する。とはいえ、関係性に意味づけすることや、コミュニケーションを通じて自分自身と世界を理解すること、それと同時にその世界を形作るのに一役買うこと、といったところに類似点がある。カラスやゾウなどの動物は、弔いの儀式を行い、亡くなった仲間に関心を持つ。多くの動物は仲間の亡骸を見守り続ける。私たちは動物たちについて十分に理解していないので、こうした行動の価値や奥深さをまだ評価できないだろう。彼らが死を理解していないと断じるのは時期尚早ということだ[9]。

家畜化

家畜化とは、ある生物群が自分たちの利益ために別の生物群の繁殖に重大な影響を与えるという関係性だといわれている。さまざまな動物の種が人間に家畜化され始めた正確な時期や方法については諸説あり、多くの証拠については幅広い解釈ができる。イヌの野生の祖先（オオカミ、あるいはイヌとオオカミの共通祖先）は、一万一〇〇〇～三万二〇〇〇年前に人間の共同社会に引き寄せられた——彼らにとって人間の排泄物は重要な食糧源だったからだ。人間は彼らがいることにメリットがあると考え、親しくなるよう彼らに働きかけた。イヌ科動物でも人間に懐き（なつ）やすい個体ほど人間と親密になっていき、そうした個体どうしがつがいになって、さらに懐きやすい子孫を残していった。そして世代を経るごとにますます人間に慣れていった。どちらがこのプロセスを始めたのかについては意見が分かれる。人間がイヌを家畜化したと考える人もいれば、イヌが自分の意思で人間のところにきて、自然選択によって家畜化したと考える人もいる。イヌのほうが人間を家畜化したのだとか、この関係は人間の言語を発達させる原因にもなったと主張する人さえいる。これは人間が自分のイヌを呼ぶ必要があったためという理由だが、この解釈は物議を醸している[10]。

野生の動物を、それが家畜化された亜種〔訳注：野生種のオオカミに対するイヌや、野生種のイノシシに対するブタなど。それぞれ野生の動物と種は同一〕と比べれば、後者のほうが子ども時代の特徴を多く残していることがわかる。遊び好きで、見知らぬ人にも懐きやすく、発見を求めてうずうずしていて、目が大きく、耳がひらひらと柔らかく、全身に対して頭が大きく、新しい状況への適応能力が高いといった特徴だ。この現象はネオテニー（幼形成熟）として知られている。イヌをオオカミと、ボノボをチンパンジーと、あるいは人間を先祖と比べるとネオテニーが認められる。進化論は最適者生存を装うこともある。だが、多くの種は生き残るために、協力と共感、共同作業が必要だとダーウィンは指摘する。友好的にしていると報われるということだ。進化の観点からは、変化する環境への適応能力もまた重要な特徴だ。そのため、一部の科学者は、イヌなど特定の種が自ら家畜化していき、その後に人間が繁殖計画を始めたと考えている。人間にも同じことがあてはまるだろう。人間はますます大きくなる社会でも、うまく働けるように適応していかなければならず、その過程で「野生の」特徴の一部を失ったのだろう[11]。

家畜化された動物――あるいは自ら家畜化した動物――は、食糧と保護を多かれ少なかれ人間の存在に頼っている。これには人間と動物のあいだに、野生の動物よりもはるかに多くの相互作用が必要だ。人間と家畜化された動物は、共有された歴史をとおして、お互いに波長が合うようになってきた。動物の個別の知識に関係なく、私たちは一つの種として私たちの文化の中で、ほかの動物と深くかかわるようになってきた。しばしば人間はほかの動物が自然の一部だと考えるが、動物はそれ自身の文化を持ち、ときには人間のコミュニティの一部として存在し、そして、人間もほかの動物と同様に物体であり自然の一部でもある。ハラウェイは「自然文化（ネイチャーカルチャー）」という言葉を使って、自然と文化の相互関連性を説明する。[12] 家畜化された動物によって、動物も私たちの文化の一部であり、家畜化にもさまざまな種類があることがわかる。自然や文化といった概念の意味もまた、時間の経過にしたがい変化する。現代を人新世、すなわち人間によって決まる時代と呼ぶ人々もいる。それによって、ほとんど何でも文化に関することであるかのように見えるかもしれない。だが同時に、人間としての私たちは自然でもあることは、自然によってしばしば実証されている。たとえば病気によって、自分が肉体的存在であることに直面せざるをえないし、地震によって、つねに自分の存在はもっと大きな世界の一部だということを思い出すだろう。

私はここにいる！ あなたはどこにいるの？

イギリスの博物学者レン・ハワードは、一九五〇年代当時の鳥類研究の方法では、現実を歪めていると考えた。鳥類は、実験室の中で同じことを繰り返す実験により研究されていた。この種の研究を支える哲学は、行動主義である。行動主義は自然科学の方法を利用し、行動を予測して制御することに重点を置く。この方法では、人間と人間以外の動物の心はブラックボックスとして調べられ、中身はずっと謎のまま保たれて、意味のないものとされる。つまり、外に表れた測定可能な反応だけが科学的に価値があるということで、また、行動の説明も避けるべきとされる。これに批判的なハワードによれば、野生の鳥は人間を恐れるので、実験室内での生活は鳥を強く緊張させるし、神経質な鳥はくつろいでいる鳥とは違う反応をするので、それが研究の結果に影響するという。実験室では飛べなかったり、社会的接触がなかったりするので、それも研究結果に影響を及ぼすことになる。

生物学者ではなくビオラ奏者で鳥類愛好家だったハワードは、違ったアプローチをとることにした。ロンドンの南、ディッチリングの近くに土地を買った。その一角に「バードコッテージ」という家も建っている。ハワードの計画は、棲んでいる鳥にとってできるだけ環境を安全にして、信頼に基づいた鳥類研究を実現するというものだった。鳥たちに自分の家を文字どおり開放して、窓を通って鳥たちが出入りできるようにした。鳥はもともと好奇心があるので、近くに棲んでいる鳥がまもなく見にくるようになった。ハワードは鳥が巣を作れるような場所を用意し、餌を与えた。鳥たちは家の周りを好きに飛び回れることに気づき、しばらくすると、ときおり家の中に入ってきてそこに止まるようにもなった。

ハワードはバードコッテージでの生活について二冊の本を書き[13]、鳥それぞれの特徴と生活を描写している。ヨーロッパ種のシジュウカラは多くがよく懐くようになって、彼女は特に興味を引かれたが、ほかにも非常に多くの鳥について考察した。当初は鳥の鳴き声を調べようと思っていたが、まもなく、個々の性格と鳥どうしの関係性を調べることにもやりがいがありそうだと考え始めた。ハワードは鳥の個体ごとの知性を重視して、鳥たちが本能だけに従って行動するという当時は一般に信じられていた考えに反対する声をあげた。鳥どうしのコミュニケーションも鳥と彼女のあいだのコミュニケーションも、細部にわたって非常に複雑なものに思われた、と彼女は書いている。鳥たちに話しかけるとき、彼女がほんのわずかに声を変えたり抑揚をつけたりすると、鳥はそれに反応して、彼女のいいたいことをよく理解するようだった。その一例が、バターについてのコミュニケーションだ。鳥たちはバターが好きで、しばしばやってきてはバターをせがんだ。そんなときは彼女の皿のわきに止まって、彼女の顔をじっと見る。彼女が好意的な態度を示すと、彼らはもう一歩彼女に近づく。彼女がうながすように声をかけると、バターをちょっととって食べる。彼女が「だめ」といえば、一歩下がる。もっと厳しく「だめ」というとさらに後ろに下がったが、怒って「だめ」というと窓の外へ飛び去った。戻っておいでと呼べば、また近くにやってきたが、前に怒ったために以前よりもためらいがちだった。新たな鳥がきても、彼女のいいたいことを理解するのに時間はかからなかった。

コンラート・ローレンツも、もっとたくさんの鳥類やそのほかの動物たちとともに生活した。[14]

彼はそれが動物を正しく理解する唯一の方法だと考えた。そしてほとんどの鳥を自分で育てたので、鳥たちはよく懐いて、彼を家族のように見なしていた。ハワードの研究によれば、鳥を自分に懐くようにするためには必ずしも子どものときから育てる必要はないが、ローレンツは必要だと考えていたのだ。彼が生涯にわたって最も大掛かりに行ったのが、ハイイロガンの研究だった。ガンがお互いにコミュニケーションをとる方法は、鳴き声、さまざまな音を立てること、身振り、体全体の姿勢、儀式、においなど、じつにさまざまだ。ガンと人間にも、多様なかかわり合いや出会いがある。人間に育てられたガンとは非常に強い絆が生まれることがある。たとえば、人間がガンを呼べば、ガンは飛ぶのをやめてまっすぐに降りてくる。こうした親愛の情から、ローレンツはガンをイヌに次ぐ最良の伴侶動物と見なすようになった。人間に育てられたガンでなくても友情を結ぶことは可能だが、距離はそれほど縮まらないだろう。ガンは、違う状況では人間のあしらい方が変わる。イヌなどのほかの動物や、自動車などのほかの物体との相互作用も、文脈とともに（以前のときの状況と同様の役割をするものとして）理解する。リードのついたイヌは恐れることはないが、イヌが自由に走り回っているときは気をつけるべきだということや、なじみのイヌは危険ではないが、見知らぬイヌは危険かもしれないことを、学習できる。ガンはまた、人間がたとえば危険を警告するためにガンの鳴き声をまねることが理解できるし、人間もまたガンのボディランゲージを理解する。[15]

ハワードと同様に、ローレンツは現在ではナラティブな動物行動学と呼ばれることを実践し、さまざまなガンの伝記的な紹介や、ガンどうしの関係を著作に記述している。ナラティブな動物行動学では、個々の物語はそれよりも大きな事実についての何かを示している。ローレンツは生物学および動物行動学のより標準的な研究も行った。しかし、ローレンツは、ハワードのものとはまったく違う。ローレンツは人間の研究者としてガンからの影響を受けるままの姿勢をとおしたが、それでもゲームのルールを決めたのはローレンツ自身だった。彼は子どものガンを捕まえて、どの群れに入れていつからどこで生活をさせるかを決めた。これに対してハワードは、鳥類の研究に専念するために、自分のほうが人間と生活することを諦め、鳥が自分たちのルールを作るに任せておいた。両者はよく似ていたが、ハワードが実証したのは、これを成し遂げるために捕獲や家畜化は必要ないということ、そして、人間以外の動物を信頼と自由に基づいて研究できるということだ。

単独で、または、いっしょに

ネコと人間は、世界を違ったふうに知覚する。ネコはにおいや音をよく感知できて、視覚は明るいときは人間に劣るが、暗闇では人間より優れており、元来ハンターだったのでおもに動くものをとらえる。ネコが社会的環境を知覚する際には、においが重要な役割を担う。糞尿は、そこにいた者の情報を与え、縄張りの線引きに利用される。ネコは物やほかの動物に頭をこすりつけることでにおいをつける。ネコは口の奥ににおいを感知する器官を持ち、興味のあるにおいを感知するとフレーメン反応を示し、唇をめくりあげてにおいを吸い込む。ネコはしばしばしっぽを上げて挨拶を交わし、ときには人間に対しても同じように振る舞う。ネコは人間とコミュニケーションをとるために、特別な方法を発達させた。なかでも最も重要なのが、ニャーニャー鳴くことだ。子ネコは母親を呼ぶための声を出すが、おとなのネコは互いに対して鳴くことはなく、人間に対してだけニャーニャー鳴く。つまり、これはネコが人間との相互作用で習得したスキルなのだ。ということは、ネコはバイリンガルだ[16]。

ネコは自分の好き勝手なことをすると考えられがちだ。イヌは人間に耳を傾け、あらゆる種類の命令を学習できるが、ネコは一日じゅう眠っているばかりというわけだ。イヌは群れで暮らすが、ネコは単独行動をする動物だ。もちろん、イヌとネコの違いはごまんとあって、それが人間との関係にも影響するが、ネコは社会的文脈や人間に興味を示さないというイメージは、間違っている。家庭のネコや、群れで暮らすシェルター（保護施設）のネコを対象とした研究によって、ネコは自分を群れの一部と見なしていることが実証されている。ネコの研究者ジャネット&スティーヴン・アルジャーによれば、人間とネコの相互作用の研究によって、ネコ科動物のコミュニケーションがどのように機能しているのかが、最もよくわかるだろうという。[17]彼らの考えでは、このための最善の方法が民族誌的研究で、コミュニティをその居住環境の中で地図に詳しく描き出すことだという——つまり、実験室の中ではなく、ということだ。

アルジャー夫妻は、シェルターにおけるネコのコミュニティの社会構造と文化を調査して、ネコどうしやネコと人間のあいだで生じるシンボリックな相互作用〔訳注：一方の「身振り」の持つ「意味」に対して相手が「反応」するような相互作用〕や、ネコが他者の視点からものごとを見る能力や、ネコ科動物の規範と価値観の成立の仕方に重点的に取り組んだ。[18]ネコたちはすべて不妊手術を施されており、食糧は十分に与えられていた。そのため、食糧や交尾の儀式につながる争いはほとんど起こらなかった。シェルターで働く人間は、自分をネコのコミュニティの一部と見なしており、すべてを知る人間としての役割を担おうとはほとんど思っていなかった。餌やりでは、ネコの好みと社会的関係が考慮に入れられた。ネコどうしの友情は場所の割り当て（誰がどこで眠るか）や里親決めの際に配慮され、仲良しのネコはいっしょに収容された。シェルターのネコには、別の一匹と暮らしたがるものもいたし、七、八匹の群れでカゴの中で眠るネコ、互いになめて毛繕いするネコや、いっしょに餌を食べるネコたちもいた。ほとんど誰でも好きになるネコもいれば、ほかのネコをひたすら我慢しているネコもいた。一匹でいられる場所が十分にあっても、概してネコは仲間といっしょに眠ることを好んだ。このシェルターの状況はまったく自然ではなかったが、家や、都会の環境、そして今回の場合のように動物シェルターといった場を共有することで、ほとんどのネコは人間のコミュニティやネコのコミュニティの一部を形作っている。

長いあいだ動物行動の研究では、攻撃性と縄張りの防御に重点が置かれていたが、アルジャー夫妻によるネコ科動物の友情とコミュニケーションの研究は、ネコのあいだで愛情や協力の関係がしばしば生じることを示している。攻撃性に重点が置かれがちなことには、いくつか原因がある。たとえば、そうした動物のほうが、並んで穏やかにすごしている動物よりも認識や評価がしやすいといったことだ。また、支配と階層を重視しがちなのはおもに男性研究者であり、長いあいだ研究者の大部分が男性だったということも、フェミニストの科学哲学者によって指摘されている。これは特定の種のイメージに影響を与えている。たとえばチンパンジーは、非常に攻撃的だと長いあいだ考えられてきたが、共感などの特徴は研究されなかった。

アルジャー夫妻のもう一つの研究は、一般家庭でのネコと人間のシンボリックな相互作用だ。すなわち、個々のネコと人間のあいだの相互作用が、意味と、共有された理解とを生み出す解釈のプロセスをとおして、ネコと人間はシンボリックな世界をどのように作り出しているのだろうか。これはさまざまなレベルで行われる。ネコは問題を解決できる――ネコはドアや窓を開ける方法を見つけることができるが、必要に応じて人間に助けを求める方法も知っている。アルジャー夫妻は、あるネコが首輪を口に引っ掛けてしまい、なんとかしてほしいと飼い主のところにいって助けを求めたという話を引き合いに出した[19]。ネコはインフォームドチョイス（十分な情報に基づく選択）を行う。たとえば、天気の悪い日に外へ出るかどうか、食べものがあっても、もっとおいしいものが出てくる場合にそなえて食べるのを待つかどうか、といったことだ。これには記憶が役に立ち、以前の状況が選択に影響する。学習するための性質や能力は、ネコそれぞれだ。ネコと人間は習慣を共有し、お互いに影響を与え合い、たとえばネコは遊びを要求することもある。シンボリックな相互作用は、ネコと人間に限らず、ネコとイヌのあいだでも生じる。

人間とネコの共同生活は個々のかかわりと生活に影響を与える。ネコと人間は習慣を共有する――トイレにいっしょにいき、イヌの散歩に同行し、いっしょにベッドで眠る。人間の家族の一部として生きることは、いっしょにいるネコどうしの生活の仕方にも影響を与える。人間はネコを家に迎えると、ほかのネコたちと同じエリアにただ合流させる。研究によれば、近隣どうしのネコたちは、縄張りや出かける時間をお互いの便宜を図って調整する。自分の居場所のあるネコたちが、共有の縄張りを持っている場合は、出かける時間がかち合わないようにする。同じ家に棲むネコたちは通常はお互い我慢し合って、いっしょに探検に出かけることもある。都会のネコは、好んで人間の日周リズムに合わせて自分の活動を計画しがちだ。獲物を自分で捕って生きる田舎のネコは、狩りに最適なのはネズミが活動している夜なので、夜に活動するが、これに対して飼いネコは、飼い主の人間といっしょに夜に眠ることが多い。人間と生活することで、周辺で暮らす餌動物にも影響が及ぶ。狩った獲物を食べて暮らすネコは、たいていは狩ったとたんに獲物を殺してしまうが、腹を空かせていない飼いネコは、捕った獲物で長いあいだ遊んでいることがある。狩りをまったくしないネコもいる。ネコは家畜化されてから非常に長い時間がたっており、狩りの習慣をすっかりなくした場合もあるだろうと、研究者たちは考えている。[20]

スペースを共有する

ジュリー・アン・スミスはウサギたちとともに住んでいる。[21] 動物愛護団体に代わって世話をしているウサギで、できる限りウサギの自由にさせながら、ウサギの面倒をきちんと見たいと考えている。彼女はこれを矛盾と感じている。人間として、ウサギたちが使えるスペースを取り決めるが、それぞれを自分自身の希望を持つ個々の存在として尊重したいとも考えている。利用できるスペースの中でウサギにできるだけたくさんの自由を与えて、彼女が目指すのは共同生活の新たなスタイルの確立だ。方法の一つ、まさに文字通りスペースの利用方法を通じて、それが実現される。ウサギは家じゅう自由に走り回る。コンセントにはカバーをつけるなど、危険がないようにしている。彼女は、日中、いつもウサギたちが特定の部屋をいかにひどく荒らしてしまうかを書いている。そして夜、彼女がそれをきれいに片づけるが、翌日ウサギはまた同じようなことをする。これがしばらく続いていたが、彼女はようやくウサギがあるシステムに従っていることを発見した。ウサギたちはトンネルや隠れる場所が大好きで、それらを作るべく部屋を「整理」していたのだ。スミスは何が起きているかに気づいて、彼らの主張を理解した。これがウサギたちとコミュニケーションをとる彼女の方法であり、ほかの動物と生活するときには実験が重要だということを彼女はこの実例を使って実証している。境界がきっちり決められているときでも（この例では動物が家の中に捕らわれていて、外にいるよりもよい状態だろう）、ウサギたちにはそうした制限の範囲内で行動して選択する余地がある。

多くの場所で、ネコは自由に家を出て、家に戻りたくなれば戻ってくる。野良ネコはときどき新しい家族を見つけたり、いくつかの家で餌を食べたりする。けれども、特に欧米では、イヌは家の中でリードをつけて飼われている。作家のエリザベス・マーシャル・トーマスは、都市環境においてイヌの自由を拡大する方法を自分の家庭で研究した。いっしょに暮らしていたハスキー犬のミーシャは、毎晩フェンスを跳び越えて、彼女を散歩に誘い出した。ミーシャはときどきガールフレンドのマリアを連れてきた。マリアは、マーシャル・トーマスの娘のイヌだ。マーシャル・トーマスはミーシャのあとを歩き、ミーシャがたくらんでいることを発見したり、ミーシャが自分の目的地をわかっていることや、特定の状況に対処する方法を心得ていることに気づいたりした。たとえば、車の行き交う道路を渡るとき、ミーシャは目を使わずに耳を使った。マリアはミーシャほど道を知らなかったので、迷子になると人間を探して、家に連れ帰ってもらうことを期待していた。それが実際に起こったこともある[22]。

マーシャル・トーマスは八頭ほどのイヌの群れと、自分の人間の家族とともに住んでいた。イヌは自分たちで子どもを育てた。たとえば彼女はイヌの子どものトイレトレーニングをする必要がなく、子どもたちはおとなのイヌから教わっていた。あるとき、彼女は庭の広い家に引っ越して、イヌたちがいつでも庭へ出られるようにした。庭は柵で囲ってその外には逃げ出せないようにした。イヌたちは徐々にお互いに親密になっていき、屋内ですごす時間が減っていった。マーシャル・トーマスはときどき庭へ出て座り、彼らとともにすごした。彼らと触れ合う必要を感じたからだ。ある日、彼らが地面に穴を掘っていたことに気づいた。これはオオカミがやるようなことだ（彼らのうち一頭は野生種のディンゴだった）。そして彼らはかなり長い時間をそこですごしていた。イヌは自由に選べるなら、人間よりもイヌの仲間を必要とする、と彼女は結論した。

テッド・ケラソテも伴侶動物である彼のイヌ、マールの自由を広げる方法を探した[23]。彼が住んでいたワイオミング州の小さな村では、たいていのイヌが放し飼いだった。ケラソテはマールの放し飼いを始める前に、まずいくつかのことを教えた。家畜を襲うと農場主に撃たれるから、襲ってはいけない。大きな獲物を狙うと危険だから、狙ってはいけない。車の往来に注意しろ、と。マールがこうした制約のコツをつかむと、ケラソテは裏口の下のほうにイヌ用出入り口を作ってやり、マールは好きなときに自由に出入りできるようになった。すると日中は、友達と時間をすごすことが多くなった。友達にはイヌも人間もいた。彼は決まった時間にケラソテといっしょに散歩にいくことが好きで、いつも食事の時間ちょうどに帰宅した。彼は毎晩、家で眠った。ときにはガールフレンドを連れてくることもあった。こうした暮らし方には、それなりの危険もある。活動がつねにコントロールされているイヌにはありえない生活だ。それでも、マールの生活は非常に豊かになったとケラソテは考えている。マールがますます自立的になるほど、知的能力が高くなり、困難に対処したり、自分で考えたり、ほかの種を含め他者とのコミュニケーションをとったりすることが以前よりもうまくできるようになった、とケラソテは書いている。

家畜化された動物は家畜としてうまく機能するために、自分の種の言葉を学ぶだけでなく、人間の言葉や、同じ家や村にいるほかの動物の言葉も習得しなくてはならない。マーシャル・トーマスは、人間がほとんどのことを決める社会の中でも、イヌは自分のやり方を見つけだせるということ、そして一定の環境ならば、ほかのイヌといっしょに暮らすほうが好きということを明らかにした。ケラソテは、人間がイヌをもっと自立するように仕向けられるということ、そしてイヌと人間は新しい方法を見つけてともに暮らせることを証明している。こうしたイヌたちは異なる気質を示し、彼ら自身が重要な役割を果たす。共同生活の新たな形態によって、コミュニケーションの新たな形態は作り出せる。逆もまたいえる。共有された言語ゲームによって、いっしょに暮らしてコミュニティを形成する新たな方法について考える手段が得られる。コミュニケーションの質や関係の親密さは、種で決まるわけではないことを、前述の実例が示している。人間と関係を作るよりもほかの動物との関係のほうが簡単に作れるという人間もいれば、人間の仲間を作るほうがいいという人間もいる。これと同じことが、動物にもあてはまる。人とつながりを作るにはさまざまな方法があるだろう。だが、人と人のあいだに共通点がほとんどない場合もあれば、動物と人のあいだで非常に多くのことを共有する場合もある。こういえば納得いくだろう。人とその人のイヌには、好みや知識、お互いについての理解、特定の出来事に対する反応といったことに多くの共通点があるが、それは、ランダムに選んだ近所の人との共通点よりも多いだろう、と。あらゆる種類のつながりが考えられるのだ。言語を共有できる可能性は、体毛の多寡やしっぽの有無では決まらない。

協力と抵抗

伴侶動物は唯一の家畜化された動物というわけではない。ウシ、ヒツジ、ウマ、ニワトリ、ブタといった動物と人間との関係は、数万年前に始まった。産業としての農業の発達に伴ってその関係は変化してきた。かつてこれらの動物は農家の社会生活の一部であり、地方や都会の景色の一部でもあったが、やがて視界から消えていった。

大規模な畜産には、歴史的な事例がいくつかある。エジプト人は動物をミイラにして捧げものにするために飼育を行い、野生動物もやはり捧げものの用に捕まえた[24]。ローマ人は繁殖用のニワトリを選別して卵を産ませ、大量に蓄えた[25]。だが、これらは今日の工業化された畜産業とは別物だ——近頃利用されている新しい技術は、動物をできるだけたくさん生産しようとするもので、食品用やそのほかの畜産物のために飼育され屠殺される動物の数は、かつてとは比べものにならないほど莫大だ。

このような畜産の規模拡大と工業化は、動物と人間の関係に、そして種間コミュニケーションに影響があるのは明らかだ。ほとんどの農場で、農業用の動物はもう農家の家族ではなくなり（一〇〇万羽のニワトリでは現実的に不可能だ）、その代わりに動物と人間の関係は、確実に動物がうまく機能して可能な限りの利益を生むことだけを目指している。

畜産動物どうしのコミュニケーションも壊れている。なぜなら、あまりにも狭苦しいところで刺激もなく飼われているからだ。ニワトリがつつき合って死んだり、ブタが尾を齧り合ったりする話は、読者も聞き覚えがあるだろう。どちらの種も、非常に社会的な動物で、豊かな言語を持っている。

ブタはおもにお互いのにおいで認識し合い、一連の複雑な声を発するが、人間はまだその内容を十分に解明していない。ブタの社会的絆はゾウのそれに似ている。脳の前頭前皮質は、複雑な認知行動の計画や、個性の表現、意思決定、穏やかな社会的行動にかかわっている部分だが、ブタの脳では、人間や狩りをして食糧を調達する霊長類のように、この前頭前皮質が非常に大きくなっている。ブタたちは、突き出た鼻で地面を掘って周囲の世界を調べ、嬉しいときにはしっぽを振る。そして子どもの面倒をよくみて、他者に共感し、よくはしゃぎ、よい記憶力を持つ。[26]

ニワトリはいろいろな警戒声を持っているのに加え、視覚や触覚、嗅覚を利用して、現在や過去、未来に関するコミュニケーションをとる。[27] 数を数えるのもうまく（ニワトリのヒナは人間の赤ちゃんよりも足し算が上手だ）、[28] 共感を持つし、嫉妬も感じる。一羽一羽、性格が大きく違うこともわかっている。[29] ヒナが孵る前の卵の中にいるときから、母親はヒナとよくコミュニケーションをとり、ヒナが孵ってからはその子の学習能力に応じて、生きるための教訓を与えていく。[30]

ヒツジはおとなしい性質で有名だが、実際のところ優れた記憶力を持つ創造的な動物で、複雑な社会的ネットワークの中で暮らしている。あらゆる種類の音声やボディランゲージ、フェロモンを使って、コミュニケーションをとる。[31]

草食動物のコミュニケーションは、多くが微妙でとらえにくいものだ。たとえばメスのウシ[32]やウマ[33]は、視線を互いに合わせることや耳を動かすことをよくしている。現在、コミュニケーションについてはこれら二つの形態に関してのみ、研究者によって解明の取り組みがなされている。だが、すべての相互作用がこのように微妙というわけではない。ウシやブタが屠畜場に向かう途中で逃げ出すことはしょっちゅうある。農家の人々や家族が農場の動物に踏みつけられたり襲われたりしたというのも、ニュースでよく聞く話だ。歴史家のジェイソン・ハリバルは、家畜動物[34]と野生動物[35]の抵抗の行動を大規模に調査した。ハリバルは、人間以外の動物が実際に非常に重要な役割を担っているにもかかわらず、人間は自分たちが経済を築いたと思い込んでいると指摘する。そして、彼らを労働者階級に属していると見なすべきだという提案さえする。[36]だが、彼らは信頼できない労働者だ。彼らをきちんとコントロールするには大きな労力がかかる。そして、ハリバルは、使役動物の抵抗も原因の一端となり、彼らが機械に置き換えられ、それが産業革命の推進に一役買ったと主張する。食肉処理場を逃げ出したり人間の支配に抵抗したりする動物も、世論に影響を与え、ときには法律の制定につながる。ハリバルは例としてアメリカ合衆国ラクダ隊をあげる。これは、一九世紀半ばに行われたアメリカ陸軍による実験で、兵士としてラクダが利用された。ラクダが叫び声をあげ、唾を吐き、人間の兵士に嚙みつくなど、ありとあらゆる方法で抵抗したときに、ラクダとともに働かなければならなかった人間たちは、ラクダを嫌悪し恐れ始めた。やがて、いっしょに働くことはもはや不可能になり、実験は中止になった。

現代の農場の動物と農家の人々との相互関係でも、抵抗にどう対処するか、抵抗をどう阻止するかには、依然として重点が置かれている。ブタ小屋を訪れると、ブタに自分の背を見せて立たないようにと教えられるだろう。畜舎、搾乳機、輸送車は、抵抗にそなえて可能な限り狭く設計されている。オーストラリアの哲学者ディネシュ・ワディウェルは、抵抗というレンズをとおして動物を見ると、彼らの創造性と意志力がよく映し出されるという[37]。これは、たとえ私たちがそうした抵抗に対する人間の反応を研究するだけでも見ることができる。たとえば魚類の抵抗は、人間が彼らを捕らえるために考案した釣竿と釣針などのメカニズムに見られる、と彼は書いている。

抵抗はコミュニケーションの一種である。コミュニケーションは人間とそのほかの動物ではまったく違う形態をとりうるのだ。ハリバルは著書の『アニマルプラネットの恐怖』(Fear of the Animal Planet) で、サーカスやイルカ水族館、動物園における野生動物の抵抗について説明している。そして、動物が逃げ出したとか、飼育員を傷つけたり殺したりした、妨害活動した、物を壊したといった記述を多数提示することで、抵抗がまれな行動ではないことを実証する。動物たちがそのように抵抗可能な環境で展示されがちなのは、施設を経営して利益を得る人々が、動物を不幸せそうに見せたくないからだ。動物の抵抗では、おそらくシャチのティリクムの事例が最も有名で、二〇一三年のドキュメンタリー映画『ブラックフィッシュ』(Blackfish)に描かれている。シーワールド・オーランドで飼育されていたティリクムは、二人のトレーナーと、囲いに不法侵入した一人の男性の合計三人の命を奪った。ティリクムが彼らを故意に殺したという有力な証拠がある。同じプールにはほかにも人にけがをさせたり人を殺したりしたシャチがいる。野生ではシャチが人間を殺した事例は一つも知られていない。飼育下にあるほぼすべてシャチに、身体的にも精神的にも病的な症状が現れている。たとえば、飼育下のオスの九〇パーセントは、ストレスが原因で背びれが折れ曲がっているが、野生のシャチではそんなことはない。ティリクムも抑鬱状態だっただろうし、精神的に異常をきたしていた可能性もある。[38]

抵抗は小規模に起きることもある。人類動物学者のレスリー・アーヴァイン〔訳注：本書ではAnthrozoologyの訳を「人類動物学」としている〕は、人間とほかの動物との遊びは抵抗の形態をとりうるという。[39]権力構造が小さな日常的活動で明らかになるから、ということだ。ほかの動物の主観性をまじめに検討しようとする考えは、私たちの社会では奇妙に思われているので、実際にそれをたとえばゲームの中で実践すれば抵抗の行動になる。ゲームで勝つには、相手プレイヤーの個性をまじめに検討しなければならない。アーヴァインは、遊びの中では創造性が大切で、遊ぶことによって個性を発揮するのだと指摘する。動物は遊んでいるときにもそれぞれの好みがあり、そして遊びは進化する。人間は遊びをとおして伴侶動物をもっとよく理解する機会が得られるし、逆に動物にとっても人間をよく理解する機会になる。おとなは動物と遊ぶことで、ただ楽しみのために何かをするという機会も得られる。動物のことを真剣に考え、種が違っても意味のある交流の障害にはならないと考えることで、いっしょに遊ぶ人間と動物は手本になれる。それに誘われて、もっと疑い深い人々も動物の見方が変わってくるだろう。

はるか昔の一五八〇年に、フランスの哲学者モンテーニュは、飼っているネコと遊ぶとき、自分がネコと遊んでいるのか、ネコが自分と遊んでいるのか、どちらなのかわからない、と書いている。[40] はっきりしているのは、どちらのプレイヤーも遊ぶということ、これがゲームをするには欠かせないということだ。

第4章

体で考える

ハンスは一九世紀末にドイツで生まれた。四歳になるまでに掛け算や割り算、ルート計算ができるようになった。数学の才能があるだけでなく、言葉を綴り、読み、日時をいいあて、音色と音程とを区別し、色を識別する能力も持っていた。

ハンスは人間の子どもではなく、ウマである。人間が質問をすると、前肢の蹄で地面を叩くことによって答えを示した。飼い主のヴィルヘルム・フォン・オーステンは、一八九一年にそれを見世物にし始めた。まもなくこの驚くべきウマは新聞の興味を引いて、ますます大勢の人々がそのパフォーマンスを見にくるようになった。ハンスは天才だと確信する人もいれば、疑っている人もいた。何かいんちきなことをしているのではないかと調査のために、哲学者で心理学者のカール・シュトゥンプが率いる委員会が政府により設置された。委員には、獣医や動物園の園長、飼育家など、ウマ科動物界の専門家一三人が含まれた。一九〇四年に出た結論は、トリックや騙す仕掛けはない、というものだった。それでも彼らにはハンスの知能が十分に解明できなかったので、シュトゥンプは助手のオスカー・プフングストに引き続き調査するよう依頼した。

プフングストはまず、聴衆もフォン・オーステンもいない状態でハンスの能力を徹底的に調べた。ハンスはいつもとまったく同じように質問に答えて、フォン・オーステンによる意図的なごまかしがないことを示した。次にプフングストは、質問する人がハンスに見えない場合と、人間が答えを知らない場合とで、それぞれハンスが正しい答えを出せるかどうかを調べた。これらの場合にはハンスは正しい答えが出せなかった。プフングストは、ハンスが質問者のボディランゲージのわずかな違いに反応するのではないかと疑った。プフングスト自身がハンスの位置についてみると、ひづめで地面を最後に叩くそのときに、質問者がみな無意識に頭を動かすことに気がついた。そういうわけで、ハンスは驚くべきウマというわけではないという結論になった。この研究がきっかけとなり、行動研究は二重盲検法で行われるようになる。研究者は、誰が実験群で誰が対照群に属しているのかを知らない状態で、あるいは、もっと一般的には何が望ましい結果かもわからない状態で実験を行うので、被験者に偶然影響を与えることにもならない。プフングストが実証したように、人間に関する研究にも動物に関する研究にも、影響を与えるリスクは等しくあるものだ。ちなみに、フォン・オーステンはその後もハンスのパフォーマンスを披露し続けたし、観客も相変わらず見にきたそうだ。

ベルギーの心理学者で科学哲学者のヴァンシアンヌ・デプレは、動物研究者と動物の関係性について数多くの研究を行ってきた。ハンスは実際に知的な動物だったが、当初考えられていたのとは違う意味で知的だったとデプレは指摘する[1]。ハンスは人間のボディランゲージのごくわずかな変化を読み取れた。ウマは人間とコミュニケーションをとるのが上手だが、ふつうはおもに触覚でのやりとりで（人間がウマに乗るときのように）、視覚はあまり使わない。ところが、ハンスには視覚的サインが理解できた。ハンスはさらに、自分に質問する人間を訓練した。ハンスと働く時間が長い人ほど、示すサインは（当人は無意識だったが）はっきりしていった。ボディランゲージによって、あるときは意識的に、また別のときは無意識に、ウマと人間はお互いに相手の話を読み取れるようになり、次第に波長がぴったり合っていった。

ハンスの例は、思考や賢さ、動物研究、経験の役割といった関連する要因について、あらゆる種類の疑問を提起する。動物は人間とはまったく違うので理解するのは難しい、と考えられることが多い。だが、この見方には問題がある。人間以外の動物の能力に関しての問題と、他人や人間以外の他者を知ろうとする方法についての問題だ。

心理学と動物

アリストテレスやプラトンといった古代ギリシャ哲学者は、知とはなにか、それをどのように得るかを突き止めようとした。二〇世紀になって実験心理学が発展するまでは、思考について考えることはおもに哲学で行われていた。二〇世紀前半に、思考について考えることに対して行動主義が非常に大きな影響を及ぼした。行動主義の主唱者で最も重要な人物が、アメリカの心理学者B・F・スキナーだ。[2] 行動主義では、心理学を行動の科学的研究と見なす。思考や気持ちなど内的事象でも、行動として扱うことができる。目的は行動を予測したりコントロールすることであって、行動を言い表したり説明したりすることではない。そして、行動と環境のつながりに重点を置く。深い原因や根本的な社会的構造には、直ちに明らかでない限り、注目しない。

言語学者で哲学者のノーム・チョムスキーは、行動主義に批判的な重要人物の一人だ。[3] 彼は行動主義には特定の現象が説明できないと主張する。たとえば、ある言語を学ぶ子どもは、すべての語学力が言葉を詳細に至るまで直接学ぶことにより獲得されると仮定したモデルで説明できるより、ずっと多くの文章を理解して複製することができる。チョムスキーの論証の一つによれば、人間は生まれつき言語のための固有の能力を備えており、そしてそのことが、世界じゅうの多種多様な言語の構造的な類似性を説明しているという。この普遍文法仮説では、私たちは生まれるときにはすでに体内に言語を持っていて、言語に必要なのは外に表されることだけとされる。チョムスキーによれば、この能力は人間だけが持ち、動物のほかの種にはないという。最初の章であげたニム・チンプスキーを使った実験は、この区別を実証するために考え出された。生成言語学あるいは生成文法としても知られているチョムスキーの理論は、理論上のものであって、実証的ではない。つまり、私たちはこの言語能力を実験で示すことはできず、私たちの知性によって、言語研究の中でのみその存在を見いだせる。

チョムスキーの研究は、認知心理学として知られている哲学の一分野に刺激を与えた。行動主義では、人間の心の中の世界である脳は、ブラックボックスとして考えられ、その箱の中で起きるプロセスの結果だけが測定可能で科学に関係する。しかし、認知心理学においては、ブラックボックスの内容、すなわち私たちの心の中の世界を重視する。こうした概念が発展していくあいだ、コンピューターは比較の材料として利用され、科学者たちは脳の情報システムと情報処理を探し求めた。脳の研究は、情報についての情報を獲得する際に重要な役割を果たす。認知の身体的側面は神経科学の分野で研究され、試験動物を利用した実験が頻繁に行われる（サルが頭に電極をつけられていたり、頭蓋骨が開かれていたりする写真は誰でも見たことがあるだろう）が、それは人間に対して行うと倫理に反するからだ。よって動物の脳が、人間の脳についての洞察を得るためにここで利用されている。今日では認知は、心理学や哲学、言語学、神経科学、情報科学からの学際的な洞察に基づく認知科学という学問において、人間と動物の精神的プロセスと知性を中心に、より広く研究されている。

動物についての行動主義的研究は依然として行われているし、言葉を人間だけのものとするチョムスキーの言語学には今でも多くの信奉者がいる。動物研究では相変わらず、人間以外の動物を人間とはまったく異なるものとして見ることが多く、それに従って多くの実験が計画されている。動物は実験室で飼われていて、そこで測定可能な結果が重視され、研究者は結果に影響するのを嫌って動物たちとは絆を築かない。ところが近年、動物たちが被験者と見なされることがだんだん多くなっている。それが、動物実験をどのように実施できるか、すべきかということに影響を与えている。

ヒヒ

バーバラ・スマッツはケニアとタンザニアで二五年間ヒヒを研究した[4]。彼女が最も詳しく生態を知るようになった群れは、エブル・クリフス・トループという一三五頭ほどのヒヒの群れで、七〇平方キロメートルの範囲で移動していた。スマッツは二年間毎日、日の出から日没まで群れについて回り、文字どおりどこであろうと睡眠をとった。最初の数か月は一切ほかの人間には会わなかったが、その後はキャンプでほかの研究者たちといっしょに寝るようになった。ただし、ほとんど接触はしなかった。研究を始めた当初、スマッツはヒヒの行動をよりよく理解するために、ヒヒに近づいていこうとした。歩いて彼らに近づき、彼らが動いて自分から離れだすと、彼女は止まって待ち、彼らがリラックスしたらまた近づいていく。だがこの方法では結局ほとんど進展しなかった。まもなくして彼女は、近づきすぎるとヒヒのあいだでやりとりされるシグナルに気がついた。母親らは自分の子どもたちを呼び寄せ、そのほかのヒヒもお互いに身振りで何かを示していたのだ。それでスマッツは、緊張が高まりすぎてヒヒたちが逃げてしまう前に、足を止めることにした。この振る舞い方を会得すると、まもなくヒヒたちに近づけるようになった。

ヒヒたちは彼女がいるのをあたり前のようにして育った。研究者たちはこれを馴化と呼ぶ。馴化とは、ヒヒなど人間に慣れていない動物が、観察のためにきた人間に適応することを意味するものだが、スマッツの場合は逆になった。群れにうまく溶け込むために、彼女のほうが適応しなければならず、ヒヒのほうは相変わらず自分たちの生活をしているだけだった。スマッツは博士研究のときに、研究者はできるだけ見えないことが必要だと指導教官から教わったが、ヒヒからは別のことを学んだ。ヒヒは社会的動物であり、彼らの言語で無視し合うことは挑発と見なされ、友人どうしの場合だけは会ったときに無視できる。スマッツは、ヒヒが近づいてきたときには、無視するよりも少し目を合わせるか小さな唸り声を出すほうがいいということをすぐに理解した。そうしたときにヒヒの礼儀作法に従えば、ヒヒはそのままやっていたことを続けたが、無視した場合は、ヒヒのわからないシグナルを発していることになり緊張が高まった。そのヒヒには以前に会ったことがありスマッツには悪意が一切ないということを示せば、ヒヒはそれを敬意のしるしとして認めた。このようにお互いに理解し合って、コミュニケーションに参加することによって、それらがなくては決して探り出せなかっただろう挨拶や個人空間、コミュニケーションについて、スマッツは非常に多くのことを学んだ。

ヒヒたちが、スマッツは穏やかな人物で、危害を加えてこないことを理解すると、スマッツはヒヒのように動けるようになった。スマッツは無防備に感じたが、彼らの行動を読み取れるようになったので、ヒヒが自分に対して怒っているときにはそれがわかるだろうと自信を持っていた。ヒヒたちも同じ理由で彼女を受け入れていたのかもしれない。ヒヒたちと動くことで、彼女はゆっくりと、ヒヒのように周囲の状況を知覚できるようになっていった。その一例が、天気の変化に対する彼女の反応だった。雨季には、サヴァンナの嵐が遠くから近づいてくるのが見えた。ヒヒは嵐が近づいてくると落ち着きがなくなったが、それでもまだ食べ続けることを望んだ。彼らは嵐を凌(しの)ぐ避難場所を見つけることがいつ必要かを正確に知っていたので、できる限り長いあいだ食べ続けることができた。何か月というもの、スマッツはヒヒたちが立ち上がるよりもずっと前に、避難場所を探しにいきたくなっていた。ところが、ある時点から、理由は説明できないがヒヒとまったく同じように、ふさわしいタイミングがきたことがわかるようになった。とにかくただ、わかるようになったのだ。

群れの中で生活することで、スマッツはヒヒについてさらに多くのことを知った。ヒヒたちは群れの全員にいきわたるほどキノコがある場所を見つけたときに（キノコは珍しいごちそうで、ヒヒたちは争って取り合う）、歓喜の叫び声をあげてから、みんなでガツガツと食べ始める。また、ヒヒたちが小さないくつかの水たまりを囲んで座り、水の中をじっと見つめてから、寝る場所へ向かうという儀式を二度目撃した。スマッツは科学的文献でそんな行動の事例をほかに見聞きしたことがなく、秘密の儀式のようなものと考え、おそらく人間以外の動物が通常は人間に見せないようにしている何かを目撃したのではないかと思っている。スマッツは真に群れの一員であることについても学んだ。人間として、私たちは自分の動きを他者の動きとそろえることに慣れていないし、ヒヒたちが嵐のときに実際にしていたように、私たちの習慣を自然、あるいは地球に同調させることにも向いていない。スマッツはヒヒの群れの中で、自分よりも大きいものの一部であることが実際にどのようなものかを体験した。自分の体や思考を違った目で——霊長類の一つのグループに属している一頭の霊長類として——見始めた。

第2章で触れたヒヒの挨拶の儀式の研究にあるように、スマッツは一連の科学的調査を実施して、動画での記録を利用することで、行動のごくわずかな変化をとらえた。とはいえ、彼女のヒヒとの個人的経験もこの調査を大きく特徴づけていて、彼女によるヒヒ社会の側面についての洞察は、ほかの研究者にはないものだった。人類学者のマテイ・カンディアは、ミーアキャットの研究者についての調査をして、研究対象の動物との緊密な相互作用は、科学の基準では見いだすことができない種類の洞察をもたらすと述べている[5]。スマッツと同様に彼も、研究者が動物を訓練するのと同じぐらい、逆に動物も研究者を訓練するということを実証した。動物との接触を避けるのは、どうしても不可能という場合も多いので、避けるよりも、調査データに研究者との相互作用などの活動を含める方法が、私たちの知識を深めることになる。デプレは、賢馬ハンスの場合が同じプロセスであることを指摘して、これに同意する。研究者が動物の表現を読み取れるようになり、共通の言語のようなものが――スマッツとヒヒの場合のように――生じるときに、動物たちが織りなす豊かな全体像が得られ、動物たちの生活をより深く理解できる。このことは研究に影響をもたらす。動物は独自の世界観を持つ被験者であると考えれば、彼らに向けた質問は違ったものになり、尋ねる方法も変わるだろう[6]。

一九六〇年代に、ジェーン・グドールはゴンベ（タンザニア）でチンパンジーを調査して[7]、彼らに名前をつけた。彼らのことについて話すときも、「それ」ではなく「彼」や「彼女」といった。非常に多くの科学者たちにとって、それはチンパンジーの人間化であり受け入れ難かった。グドールの調査は、チンパンジーによる道具の使用を初めて示したものとして、極めて重要だった。それまで、道具の使用は人間をほかの動物と区別するものだと思われていたからだ。この発見は、少々型破りな方法によろうともグドールが実際に重要な貢献をしているということを、グドールの批判者に見せつけた。

一部の科学者は今でも擬人化には警戒しているとはいえ、近年では動物を被験者として見るという傾向は確実にある。動物に起因する考えや気持ちはないとすることは、中立的なスタンスではなく、すでに「人類学否定」と名づけられている。人間が人間だけのものだと考える多くの特徴は、当然ながらほかの動物にも見られるものだ。ある一つの例は、愛についてローレンツが書いたものに関係する。ローレンツは生活をともにしていた動物たちの行動や感情を、しばしば人間の概念を用いて説明しており、それが批判を呼んだ。動物どうしのロマンチックな愛について書いたときには擬人化だと非難されたが、このことはすでにほかでも実証されている〔8〕。

動物の言語研究がうまくいくためには、コミュニケーションが必要条件になることが多い。このことは、アイリーン・ペッパーバーグがオウムのアレックスとともに行った研究が示している。アレックスの研究を可能にするために、ペッパーバーグは相互理解の実現できる方法を見いださなければならなかった。アレックスに関しては、言葉が有効だった。スマッツとヒヒでは、コミュニケーションはおもにアイコンタクトと、身振り、ボディランゲージだった。これは、研究室での二重盲検による実験に比べると、あまり科学的に見えないかもしれない。だが、そうした実験もまた、動物についての一定の仮説——場合によっては偏見——に基づいているのだ。

現象学

バーバラ・スマッツの研究は、動物研究の最善の方法に関する重要なことを示すとともに、ほかの誰かを理解していくために経験の役割を中心に据える。思考は心の中で起こる何かだと考えられているが、だとすれば心と体、思考と世界は分離していることになる。この見方に異議を申し立てるのが現象学だ。この二〇世紀の哲学的なムーブメントでは、現象の経験を重要とする。経験主義（すべての知識は経験に由来すると見なす考え）と合理主義（理性が知識の唯一の源とする考え）とは対照的に、現象学は知覚の本質に焦点を合わせる。現象学者によれば、経験はつねに世界の何かに焦点を合わせている。無作為にただ見ているだけではなく、いつも何かを見ているのだという。このように世界の何かに焦点を合わせることは志向性と呼ばれる。現象学では、経験に重きを置くため、思考がいつも必然的に世界に、知覚に、そして経験に結びついている。

フランスの現象学的哲学者モーリス・メルロー＝ポンティは、思考はつねに具現化されると主張した。[9] 彼の指摘によれば、身体は、世界に存在するほかの物体のようなたんなる物体ではない。体はテーブルとは比べものにならないのだ。私たちは体を所有しているのではなく、私たちは体である、という。私たちが右手で左手に触れるなら、右手は接触する物体であり、それと同時に私たちが感じられることは、右手自身も感じられるということだ。私たちは、感じる物体としての自分自身を感じられるという事実によって、身体的な自己が作られている。体は経験することを可能にする。そして、知覚（私たちが知識を得る方法）は、まずは身体的活動であって、認知的活動ではない。私たちは過去を体の中にも持っている。過去の経験が体に記録されているため、特定のやり方で世界を認識することが確実にできるのだ。習慣もまた、おもに身体的だ。習慣が身につくと、動作が自分の体のレパートリーに加わって日常生活が豊かになる。

メルロー＝ポンティによれば、言語もまた具現化される。私たちは頭で考えをまとめてからそれを話す、と思われていることがよくある。インタビューを受けているときや本を書いているときには、そういうふうに機能しているかもしれないが、通常は話しているときに、それより前にまとまっていた考えを表現しているわけではない。言語は身体的な活動だ。つまり、私たちは話すことで考える。私たちは言葉を話すことによって、自分の考えを完成して自分自身のものにする。言葉は私たちの体のツールセットの一部だ。メルロー＝ポンティも言葉を「世界を歌う方法」と呼んだ。私たちは体を使って他者を理解する。そして言葉があり話をすることで、物体と別の物体や、物体と世界が結ばれる。

別の現象学者で、ドイツの哲学者マルティン・ハイデッガーは、Seinすなわち「存在」（英語でBeing）とはいったい何であるかを探求し、[10]それを哲学で最も重要な疑問と見なした。ハイデッガーは世界における私たちの位置づけについて、いくつかの特徴をあげた。それらは動物について動物とともに考えるためにも重要なものだ。第一に、私たちは場所を定められている。つまり、誕生から――ハイデッガーのいう「この世界に投げ込まれ」たときから――私たちはある文脈の中に存在し、それによって形作られ、それを形作ることに手を貸している。私たちは自分自身の外側にあるどんな視点も占有できないし、私たちのアイデアや思考は何もないところに存在するのではなく、私たちの経験に色濃く影響を受けている。第二に、実存的レベルで、私たちはいつも他者とともに存在する。ハイデッガーは私たちが孤立していないといっているのではなく（実際に私たちは同時に孤立してもいる）、私たちの「存在」の構造は「他者とともにいる存在」なのだという。このことは、言語について彼が書いたものを見れば明らかになる。ハイデッガーは、彼のいう「世界」――地球ではなく私たちの「生活世界」――には、言語が強く結びついていると考えた。私たちは言語で自己を表現し、それによってこの生活世界を形成すると同時に、言語を通じてそれを理解する。あるときは、ハイデッガーは言語を「存在」の家と呼ぶ。言語をとおして私たちは自分を自己として理解できる。言語がなければ、私たちは直接の経験に縛られていたことだろう。

メルロー＝ポンティとハイデッガーはどちらも人間を動物とは違うものと考えた。ハイデッガーは、そこには根本的な相違があるとする。なぜなら、人々は自分を「存在」として理解できるが、ほかの動物は（彼によれば）それができないからだという。メルロー＝ポンティによると、人間と動物はみな身体として存在するためにつながりがあるが、人間とほかの動物では経験の種類が異なるという。ハイデッガーとメルロー＝ポンティは、たとえば言語のような特定の特徴を動物は備えていないと考えたし、ハイデッガーは人間の理性を誇張した。それでも、動物について考えるにあたって、彼らの理論が今もなお新たな発見をもたらすのは、世界における身体性と実存に重きを置いているからだ。

ウィトゲンシュタインのライオン

ウィトゲンシュタインの後期の研究は現象学に分類することもできる。[11] 彼は初期の研究で、言語における確固とした不変の原理を探し求めて、ついに、言語がそのやり方では定義できないことを悟った。動物との言葉について考えるには、ウィトゲンシュタインの考え方が重要であることをこれまでに述べてきたので、ここではその一要素として、社会での実使用の重要性を検討したい。哲学者たちが、ウィトゲンシュタインと動物について話すとき、あるいは言葉と動物たちについて話すときでさえ、「ライオンが話せたとしても、われわれには彼らを理解できないだろう」というウィトゲンシュタインの言葉を引用する。つまり、動物は私たちとはまったく違うので、たとえ共通言語があったとしても、動物たちが何をいいたいのかを理解することはできないだろうという意味だ。しかし、その言葉の解釈は間違っているし、ウィトゲンシュタインの哲学を十分に理解していないことも示している。まず、ウィトゲンシュタインはここでは動物について述べているのではなく、そのライオンはたんなる一つの実例だ。テキストのこの節に先立つ部分を読めばそれは明らかになる。そこには以下のように書かれている。人間どうしでは互いを理解できないこともある。そのことには、外国にいけば気づくであろう。たとえ辞書を持っていったとしても、私たちはその地の人々のいうことがわからないかもしれない。なぜなら、私たちは自分では、その地の人々のボディランゲージ、しきたり、習慣における自分自身がわからないからだ。言葉だけでは隔たりを埋めるのに不十分なのだ、と。そこで、ウィトゲンシュタインは人間とまったく異なるものとしてライオンを持ち出した。重要なのは、彼がイヌやネコ、ほかの家畜化された動物について述べたわけではないことだ。

ヴィッキー・ハーンもこのウィトゲンシュタインの言葉について取り上げて、彼がその部分でライオンと人間の違いを大げさにいっていると主張する[12]。ライオンのトレーナーは、ライオンのことをよく知っている——実際にライオンとトレーナーはすでに共通の言葉を話している。ライオンを私たちとまったく違うものとして説明するのは誇張だというハーンに私も同意するが、ウィトゲンシュタインの基本的な論点に目を向けることも重要だ。つまり、他者が自分と全然違う文化に属するとき、その自分のよく知らない他者を理解するには非常な労力がかかる、ということだ。言語は私たちの生活の仕方に結びついており、特定の活動をとおして何らかの文脈の中でのみ意味を獲得する、とウィトゲンシュタインはいっている。他者の言語について意味のある何かをいおうとするなら、その言語が実際に使われているときの活動を研究する必要がある。私たちが他者（動物にせよ人間にせよ）のことを理解し難いと思うなら、その理由は彼らの心や思考に手が届かないからではない。それは、彼らの習慣や礼儀作法、そのほか、ともに暮らしていることに意味を与えるものを、私たちがよく知らないからだ。逆もいえる。人間とほかの動物がともに生きれば、つまり同じ家で同じ習慣を持って暮らせば、理解は深まるということだ。

他者を疑うこと、他者を知ること

私たちは何かを確実に知ることは実際には決してできない、と考える哲学者もいる。この立場は哲学的懐疑主義と呼ばれ、西洋哲学の伝統的な理論の中に多くのバリエーションがある。最初期の懐疑主義の思想家は古代ギリシャにいた。エリス出身のピュロン（紀元前三六〇～二七五年）は、最初の代表的な懐疑主義者といわれる。ピュロンの考えによれば、私たちの推測はほかの推測に基づいているので、私たちは確かなことは何一つ知ることができず、つねに自分の判断をじっくり考える必要があるという。説得力のある議論にはさまざまな立場を支持するものがあるので、一つの立場を支持するよりも、判断を保留したほうがよいというわけだ。[13]デカルトは、徹底した疑いを通じて確かな知に至ることを目指し、近代的懐疑主義を議題に載せた。彼は考える（思う）ことの基礎の研究により、そもそも知ることは可能なのかどうかを問いただした。デカルトは心と体、知性と情念（感情）をきっちり分かれたものと見なした。考えているときに、私たちは自分たちが存在すると考えることができて、それ以上は、確かなことは何もない。先述のようにデカルトは、動物は話さないので考えることができないという。しかし、他者について考えることと知ることに関してのデカルトの主張もまた、人間については有力なものだ。[14]

独我論は懐疑論に関係するものと位置づけられ、デカルトの心身分離から導かれた。独我論では、存在するのはただ一つの意識――すなわち自分自身――だけであり、このことだけが疑う余地のない唯一の事実であるという。私たちの周りにいるのは、私たち自身と同様に意識を持った人々という可能性はあるが、高度なロボットという可能性もそう低くはない。あるいは、ゲームで遊んでいる神に騙されているのかもしれない。歴史の全部を誰かがでっちあげることもできただろう。これはあまり筋が通らなさそうだが、そう思うのは、ひとえに私たちが外の世界として自分の周りの世界に非常に慣れているからだろう。独我論は証明するのもはねつけるのも難しい。というのは、私たちが疑いの余地なく存在しているということを別の誰かに証明するのは不可能だからだ。とりあえずそれについては考えてみてほしい。

日常生活で他者を理解できることに関する懐疑論的考察において、言語は重要な役割を果たす。言語を使うことで、自分自身についてのかなり正確な情報を他者に与えられて、幅広くさまざまな話題について意見が交わせる。人間は、動物の言語よりも人間の言語のほうが高い地位にあるとしがちだ。人間の言語は他者を理解するときに重要な役割を果たすこともあるが、騙すこともあるわけで、違う種に属していることが、相手を理解してよく知ることの妨げになるわけはないだろう。実際、人間以外の動物の場合にだけ懐疑的になって、人間の場合にはならないというのは問題だ。

懐疑論的論証には反証しにくい。ウィトゲンシュタインは、言語の周知の特徴——言語は誰かの頭の中の意図を受け取らないが、人々のあいだの意図を受け取ること——を引き合いに出して反証を行った。しかし、私のここでの主目的は懐疑論に反証することではない。私の主張は以下のとおりシンプルだ。理論上、動物については懐疑的で、人間についてはそうでないのは、動物の心について、そして動物の言語についてのステレオタイプの見方に基づく差別の一形態である、というものだ。人間以外の動物は、ふつう自分の考えを人間の言葉で表さない。だが、さまざまな形態のコミュニケーション、つまり共有された異種間言語ゲームが存在しており、それで人間と動物は理解し合うことができる。私たちはしばしば、動物のいいたいことがわかるし、逆もそうだ。言語は心の中だけに存在するのではなく、むしろ社会での実使用に具体化され根づいている。他者からのアクセスがない密閉空間としての心という概念は、擁護できない。

疑いを感じる唯一の動物は人間だと思い込んでいる人には、マカク（オナガザル科マカク属）はゲームで問題の答えを選ぶとき、間違えたものを選ぶことより、一回パスするほうを選ぶということについて考えていただきたい[15]。研究では、パソコン画面に表示された一列の点の数について、マカクに判断するよう教える。マカクは問題に対して、dense（密集している、多い）の「d」か、sparse（まばらである、少ない）の「s」のいずれかの答えを選べる。正しい答えを選べば食べものをもらえる。答えを間違えるとゲームが中断して食べものはもらえず、しばらく待たされた。ただし、クエスチョンマーク「?」を選ぶこともできて、この場合も食べものはもらえないが、ゲームは中断せず、マカクは待たずに次の問題に進むことができた。マカクは、わからない場合にはいつでも「?」を選んだ。

コウモリであるとはどのようなことか

有名な論文でアメリカの哲学者トマス・ネーゲルは、コウモリであるとはどのようなことかと考えた[16]。彼がこのテーマについて書いたのは、コウモリであるとはどのようなことかを本当に理解したいと思ったからではなく、意識についての議論で説明としてコウモリの例を使っただけだ。ネーゲルによると、脳こそ人間のすべてだと思い込んでいる人々が考えるように、精神状態を完全に身体的なものに落とし込むことは不可能だという。もし可能とすれば私たちの経験には主観的特性があるという現実を認めないことになるので、私たちの意識の説明にならない。私たちは自分の種の典型ではなく、人は自分としての何かを経験し、たとえば同じ痛みでも、自分以外の人とは違って感じるだろう。コウモリはコミュニケーションをとるときや自分の位置を確認するとき（人間なら視覚を使う場合）に、反響定位を利用する。反響定位を使うとはどのようなことか、飛ぶことができるとはどのようなことかを私たちは想像できるが、だからといって、コウモリとして育って世界を経験するコウモリにとってはそれらがどのようなことなのかが、私たちにわかるわけではない。たとえ私たちが徐々に変化してコウモリになっていくとしても、そうしたコウモリ特有の知識はほとんどないだろう。この考えは、ほかの経験にも拡張できる。つまり、私たちはコウモリが痛みを感じることを想像できるが、それでも、コウモリの痛みを感じるとはどのようなことかは、わからない。

自分以外の誰か（人間であろうとコウモリであろうと）の痛みを感じるとはどういうことか、私たちは確かなことを決して知りえない、というネーゲルの言説は正しいにもかかわらず、私たちが他者に感情移入するのは確かだ。私たちは他者を理解できるように、その人の振る舞いを見て、交流して、コミュニケーション形態を解釈する。そうすることで他者の感じ方や、そう感じる理由についてさらによく理解できる。私たちはコウモリであるとはどのようなことかを想像できる。そして自分がコウモリであると想像することは、自分が別の人間であると想像する――たとえばあなたが女性なら、自分が男性であると想像したり、たんに自分以外の誰かであると想像したりする――こととは違うかどうか、違うならどのように違うのだろうかと考えることができる。別の誰かであるとはどのようなことかを想像するのは、たんなる思考についての疑問ではない。感情移入と創造性もまた重要であり、あなたは誰かと知り合いになって経験をとおしてその人の思考を見抜くことができる。これは、すべてか無かの疑問である必要はない。イヌと同じようによくにおいを感じられるとはどのようなことか、また、これがイヌの経験にどんな種類の影響を与えるのか、私たちが正確に想像するのは無理だろう。しかし、だからといって、私たちがそれを思い描くことができないとか、イヌのことはまったく理解できないということではない。

現象論的なウマとイヌ

それでは、賢馬ハンスはどれほど賢かったのか？　人間の基準に従うなら、つまり知性を数学と音楽の能力だけで評価すれば、ハンスはそれほど頭がよくはなかった。彼の中に人間の普遍文法を見いだそうとしても、彼の語学力ではそれほどうまくいかないだろう。彼の脳をブラックボックスとして考えれば、彼は少し賢いといえる。彼は自分が何をやっているかわかっていなかったとはいえ、結局、人間から最小限のシグナルを受信したらすぐに特定の仕事をする、ということを独学したのだ。

伝統的哲学は動物に対し、返答する可能性を与えない[17]とデリダは書いた。第一の理由は、動物が答えることができず反応するだけと思われていて、動物の思考については自動的に考慮の対象外だからで、第二の理由は、動物に提示されるのは人間向けに作られた質問だからだという。ハンスの知性は人間の基準に従って測られたので、彼はあまり賢くないように考えられた。それはハンスの人間との相互作用に特化した研究だったため、ウマ科動物の基準でどれほど彼の頭がよかったのかはわからない。だが、人間とウマのコミュニケーションでは理解の速い前途有望な生徒だったことは確かだ。彼は人間から速やかに情報を読み取ることを学習した。そして、人間が好きなように使えるボディランゲージで、よりよいシグナルをもらえるように、人間に教え込むこともできた。ウマはいろいろな方法で体を使ってコミュニケーションをとる。たとえば、耳をほとんど一八〇度ひっくり返すことができるので、そのように耳の向きを変えることで食糧のありかや、近くに捕食者がいないかといった情報を教え合っている。体はハンスの思考やコミュニケーションで重要な役割を担っていたのだ。

ヒヒの研究者のスマッツも、人間とほかの動物のあいだで理解が生じる際の体の役割や、ほかの動物と暮らすことで共通の認識を作り出せることについて書いている。スマッツは伴侶動物としてイヌのサフィを迎えたとき、ヒヒと同じようにサフィも自分自身の生き方についての考えを持つ一個の動物と見なした。[18] スマッツはサフィを訓練しないようにしたが、その代わり、ボディランゲージや言葉、身振り、表情を使って、対等にコミュニケーションをとろうとした。食べものや散歩など、特にどちらも興味があることや意見の合わないことについて、つねにサフィに話しかけた。してほしくないことをサフィがすれば、スマッツは彼女に話してそれを伝えた。話す声のトーンや言葉は、スマッツがサフィに望むことがサフィによく理解できるようにした。場合によって、たとえば混雑した街中などでは、どうするかをスマッツが決めることもあったが、山でハイキングやキャンプをするときにはサフィが先導した。このようにお互いに気を配り合うことは、スマッツとサフィが親しい関係を結んで、朝のヨガのような生活習慣や毎日の儀式が形成されることを意味した。メルロー＝ポンティは習慣について、おもに体のレベルで起こるものと書いている。習慣は生活を豊かにする。生活に新たな習慣が加わると、私たちの実存の層が一つ増えるのだ。

相互作用によって人間とイヌの双方が変わる。世界は広がり、そのプロセスで言葉が重要な役割を果たす。スマッツはサフィとの相互作用を自分の経験したことから説明する。これは、実験によって動物の反応を研究することや、動物について考えることで彼らについての真実を見つけようとすることとは、スタート地点が違う。ここで大切なのは相互関係に重きを置くことだ。つまり、ある動物にかかわるための事前計画に従っている人間として行動するのではなく、スマッツはサフィがすることをつねに見て、それに応じて自分の行動や判断を合わせていったのだ。

ウィトゲンシュタインは、思考についての多くの問題が言語についての誤解に基づいているという。これを避けるためには、言語がどのように使用されるのかに注目する必要がある。動物への各種アプローチは、さまざまな知識をもたらす言語ゲームと見なせる。動物とのコミュニケーションについては、研究の中でも研究以外でも長いあいだ動物は物体と見なされて調べられていた。これが言語ゲームの主流だったので、動物について考えるほかの方法がありうることが長いこと見えなくなっていた。それらから導き出されたのは、動物の物体としてのイメージを裏づけることばかりだったのでなおさらだ。スマッツの研究は、従来の方法に代わるものがありうることと、そうした代わるものによって、古い疑問に新たな洞察が与えられる可能性を示した。このように彼女が研究姿勢を間主観性〔訳注：主観性と客観性のあいだにあたるもの。二者以上のあいだで同意が成り立っているとき、間主観的な状態といえる〕へと移したことで、動物を調べる経験には新たな選択肢がもたらされた。人間以外の動物の経験だけでなく、調べる人間の経験、そして動物と人間がいっしょにする経験だ。

第5章

構造、文法、解読

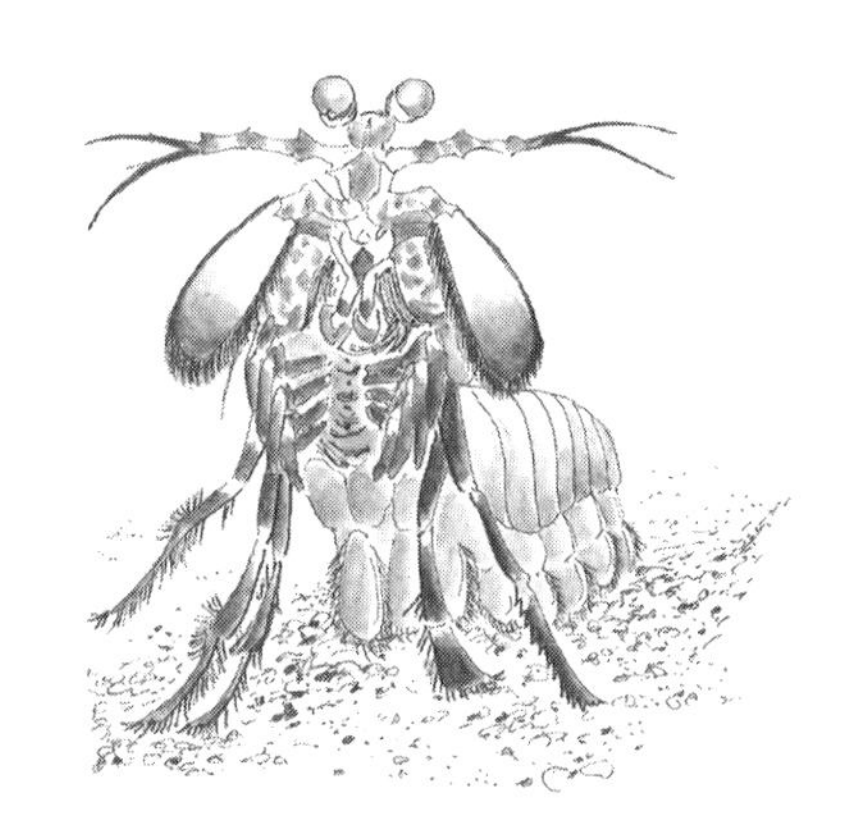

タコの脳はとても小さい。ほとんどの神経細胞は腕（触腕）の中にあり、それが味覚と触覚を感じて、脳とは無関係に動き回る。タコは腕で考えるといえる。彼らの腕は「自己」とそれの周囲との結びつきが人間のそれよりも強い、ということもできるだろう。

頭足類はタコやイカを含む軟体動物の頭足綱に属する動物である。記憶や学習能力に関する脳と行動の研究に基づいて、頭足類には意識があると考えられている。[1] 確かに、頭足類のさまざまな種は極めて有能だ。タコは夜中に実験室の水槽から逃げ出して、しばしば近くの水槽の魚を食べて、ときには自発的に自分の水槽に戻っていることで有名だ。半分に割ったココナッツやジャムビンを道具として使って、陰に隠れたり中に入って潜んでいたりする。[2]

頭足類の一部では、皮膚は魔法のような器官だ。皮膚には色素胞が含まれ、筋肉を緊張させたり緩めたりすることで体表の色を変えられる。それが抜群のカモフラージュ技術として役立つだけでなく、劇的でリズミカルな色表現を生み出している。この複雑な色パターンによって、頭足類は非常に深い海の中で他者と広くコミュニケーションをとっている。皮膚の色や質感を変えるだけでなく、姿勢や動きも重要なコミュニケーション手段の一部だ。

生物学者のモイニハンとロダニッチは、アメリカアオリイカのシグナルと人間の言葉の類似性をテーマに研究し、アオリイカの色パターンが、構造の複雑性の観点から見れば、鳥類や霊長類の言語に匹敵することを示した。[3] このコミュニケーションは、私たちが人間の言語に特有だと考えている基準をいくつも満たしている。たとえば、色で、外の世界の状況を表せるらしい。さまざまなシグナルによって、伝えたいメッセージの強さ、範囲、正確さ、具体的な内容を示すことができる[4]。

動物の言語の構造と複雑さは、比較的新しい研究分野だ。長いあいだ動物は、単発的な発声でお互いにやりとりするだけだと考えられていたので、文章構造まで研究されることはほとんどなかった。鳥のさえずりだけは例外で、かなり大規模な研究が行われてきた。とはいえ、鳥の言語の意味については、ほとんど何の情報も得られていない。

構造

文法は、言語構造を支配する規則の一式だ。スイスの言語学者で、近代言語学の基盤を築いたフェルディナン・ド・ソシュールは、言語の基礎構造を指す「ラング」と、個々の話し手が実際に口にした言葉を指す「パロール」を区別した。言語の慣用的な使い方は非常に変わりやすいので、私たちが言語を学ぶときにはラングを見る必要がある、と彼はいう。単語は現れたり消えたりするが、文法は維持されて変わらない。そうした単語と文法がともになって、言語を作り上げる。単語と文法を完全に分けることはできない。つまり、言語の慣用的な使い方は言語構造を裏づけるし、口から発せられた音声は言語構造を背景にして意味を獲得する。

ソシュールは単語の二つの側面を区別する。一つは「シニフィアン」で、記号の表現（言葉の音声や書かれた文字）のこと、もう一つは「シニフィエ」で、シニフィアンが言及する精神的概念のことだ。ただし後者は、外部世界の物理的対象（「レフェラン」すなわち指示対象として知られるもの）と混同しないようにする。ソシュールによると、単語は、外部世界からではなく、言語の範囲内で意味を獲得する。たとえば単語の「cat」（ネコ）は、一匹のとあるネコとは関係がなくて、世界の実際のネコからではなく、「rat」（ネズミ）や「fat」（太った）といったほかの単語との違いによって、意味を獲得する。そのためソシュールによれば、言語を研究するときには、外の世界において記号が言及するものに注目するのではなく、記号がお互いにどのように関係しているのかに注目しなければならない、ということだ[5]。

構造主義とは、ソシュールの考えの上に築かれた社会科学におけるムーブメントだ。構造主義においては、人間が社会の基本構造に影響を与えるのではなく、社会の基本構造がさまざまな方法で人間に影響を与えるとされる。一九六〇～七〇年代に、構造主義は言語学や文化人類学、心理学、歴史学など、さまざまな研究分野で人気になった。そこで注目されたテーマは、人間の行動の研究から、人間の行動を形作る固定的な基本構造へと変化した。今では構造主義の人気は陰ってしまった（すべてを規定する確固とした基本構造はまだ見つかっていない）が、一部の側面については、動物言語研究などのさまざまな研究分野で発見される可能性がまだある。ただし、これには一定のリスクがある。言語や行動を支配する固定的な基本構造だけに注目するなら、研究の対象を機械的に理解するようなもので、自由や創造性の入る余地がほとんどなくなる――動物において、知性よりも本能に注目することになったのだ。

長いあいだ、人間以外の動物はあらかじめプログラムされているかのように本能のまま行動する、と考えられていた。この考え方によれば、動物のあいだのあらゆるコミュニケーションには特定の枠組みがあり、それは動物自身に根差しており、すべての反応は決まりきったものになる。このモデルでは動物が使う言語は単純で、創造性が生じる余地がなく、発生した出来事に対しておもに単発的な反応が引き起こされる、というわけだ。動物の言葉にこのイメージが支配的なのは、生物学と動物行動学という学問領域でイメージが育まれた結果だとある程度はいえる。その学問領域はおもに、あらかじめ決まっている一定基準に従い、一定の種の特徴を明確化することにかかわるが、私たちが言語と考えることから生じる影響は研究の対象になっていない。動物たちは言語を持っていると主張したスロボドチコフは、言語学と動物を結びつける研究をして、動物の言語の構造を実証研究する重要性を指摘した。そして、チョムスキーの普遍文法を、社会的な動物と人間の言語に見られる内部構造の一種と見なした。すべての社会的な動物は環境に対処する際に同様の問題に遭遇するため、社会的な動物の種の言語にはそうした構造を見いだすことができる、と彼は書いている。そして、脊椎動物のすべての種のDNAに言語遺伝子が存在することが発見されたのも、その証拠と見なしている[6]。

スロボドチコフが描き出した言語の概念には問題がある――言語はたんなる生まれながらのシステムにはとどまらないので、実証的な研究のみでは、人間でもほかの動物でも意味の一定の側面を見逃してしまう。実証研究からは、人間以外の動物の言語の複雑さについて非常に多くのことがわかるが、それを解釈しようとするなら、文法と言語とは何かを再考する必要がある。これもまた哲学的な疑問だ。

鳥類の文法

鳥の鳴き声は、動物の出す音声では最も広く研究されている。一般にはさえずり（歌）と地鳴きに分けられ、地鳴きは警戒声などを含み、さえずりは構造的にもっと複雑でさまざまな機能を持っている。鳥は声を使ってさえずるが、羽毛や翼、尾、足、くちばしも使って音を出したりひずませたりもできるし、コミュニケーションにはキツツキが木を叩く音や、翼でたてる音も含まれる。鳥類の発声器官は鳴管といい、気管の末端（肺側）に位置し、声帯なしで音を出せる。筋肉が、軟骨とのあいだの薄い膜を振動させると音が発生する。鳥の鳴き声の多くにおいては、鳴管がさまざまな音を同時に作り出せる。大きい声で歌うだけでなく、とても静かに囁き声のようにさえずることもできる。

長いあいだ鳥のさえずりは、メスに求愛することと縄張りを守ることだけが目的だと思われていた。さえずりの内容は、それ以上の検討をされることなく、閉じた構造——鳥類は固定パターンに従ってさえずるだけ——だと思われていた。だがそれほど簡単でないことが、ムクドリの鳴き声の回帰性を調べた研究で示されている。回帰性とは言語の階層構造で、構文がそれ自体の一部として生じること、つまり、文章の中に要素として新しい文章が加わることだ。ムクドリは自分たちの言語に、新たに回帰的に加わったものを理解できる。つまりムクドリの言語は、人間の言語と同様に開いた（固定パターンではない）構造をしているのだ[7]。よって、ムクドリのさえずる文章はあらかじめプログラムされたものではなく、意味のあることを追加して新たな文章を作り出す余地がある。だがほかの研究には、ムクドリの文法がほんとうにそれほど変更可能で人間の文法のように働いているのか、疑義を申し立てるものもある。その点については論争中で、未解決の重要な問題だ[8]。

スロボドチコフは、ルリノドシロメジリハチドリ（アマツバメ目ハチドリ科シロメジリハチドリ属）の攻撃的なさえずりの複雑な構造について記述している。この鳥の構文についてはかなり多くのことがわかっている。五種類の音声が識別され分類されており、それぞれC、Z、S、T、

Eと呼ばれる。Cは非常に短いフレーズで、同時に四つの音声が聞こえる。ZとSは、Cよりも長く続き、さまざまな周波数でできているトリル音（震える音）。Tは破裂音、そしてEは四音が同時に鳴る短いフレーズで、Cとは違う周波数範囲の音だ。これらの音はさまざまな組み合わせで生じる。あるさえずりは、Zで始まり、続いてS、T、E、そしてまたS、T。また、別のさえずりは、Cで始まり、次にSとTが同時に生じ、それからT、さらにE。こうしたさえずりには一八種類もの音声が含まれて、それがさまざまな組み合わせで使われることもある。スズメ目ムクドリ科の鳥のさえずりと同様に、これは開かれたシステムであり、新たな意味が加わり新しい可能性を生む余地がある。とはいえ、音声の表す意味についてはほとんどわかっていないので、こうした研究にはさえずりが使われる文脈についての調査も必要だ。これらのさえずりが縄張りに関係することはわかっており、メッセージは鳥たちの意図を反映し、「あっちへいけ」「これるもんならきてみろ」から、「お前のすみかは知っているぞ」まであるようだ[9]。

アメリカコガラの英語名チッカディーは、前述したように、その鳴き声に由来する。この「チック・ア・ディー」という音は、ほかの鳥との社会的接触、縄張り争い、けんかをするときや、ほかの鳥を挑発するときに使われる。しかし、ただ「チック・ア・ディー」と書いた文字では、その音を十分に表現しきれない。そのさえずりは文法的構造を含み、膨大な量の情報を伝えることができる。その「チック・ア・ディー」という鳴き声は四つの要素に分けられる。短い笛のような音、もっと短くて音程が上がり下がりする笛のような音、非常に大きい音、吠え声のような長い音である。あらゆる組み合わせの可能性があり、さえずりとともに出す何らかの音（羽ばたきなど）も意味を持つ。回帰性はここでも認められ、要素が非常に長い一続きで繰り返されることがある。アメリカコガラは「ガラガラ声（gargle）」として知られる音声も持っていて、争いの際中にこれを発する。非常に複雑な音で、一秒の半分以下と短いが、笛のような一続きの音でできている。その音に合わせて特定の身振りもする。それは、人間が自分の言葉を強調したいときにするのと同様だ。ガラガラ声は一三種類もの音でできていることもあり、それらの音がさまざまなパターンで配置される（文字や音節が言葉を作るのとまさに同じ）。これまでに八四種のガラガラ声が認められている。争いが続くとアメリカコガラはさらに複雑な連続音を使って音に変化を加える。ガラガラ声には構造があり、彼らは周囲の事情に合わせて使っている。[10]

カロライナコガラの地鳴きも、状況によって変化する四要素によってできており、順序が重要なことが研究で示されている。実験で要素の並びを変えてみると、コガラたちは反応しなかったのだ。[11]人間も、間違った並び方の言葉を見れば、意味があるかないかを区別するだろう。ルリノドシロメジリハチドリでは、オスとメスのさえずり方が違う。オスのさえずりは五つに分類され、さまざまな組み合わせで使われるが、メスのさえずりは、もっと変化に富んでいて複雑だ。つまり、彼らのさえずりの内容はほとんどわかっていない[12]。ハチドリのさえずりは、まだあまり広く調査されていないが、調査が進むほど、構造がさらに複雑であることが明らかになっていくだろう。

文法と文脈

文法はふつう、言語を話したり書いたりするための規則や原則が具体化したものと見なされる。ウィトゲンシュタインも、意味のある言語使用は規則に縛られると考えた。しかし彼は、意味のある言葉かどうかを決める規則のさらに広いネットワークに、「文法」という言葉を使った。よって彼にとって文法は、言語を学び正しく使うための技術的指示でできているものではなく、意味のある言語の使用法を示すものだ。ここでもまた、言語と実使用との強い関連性が見られる。言語の意味は使用されている状況と関係なく考えることはできないし、文法はそのことを考慮に入れなくてはならない。

文法についてのこのような考え方は、動物の言葉を研究する際にも関係することだ。さえずりや地鳴きの構造を調べるだけで鳥の鳴き声を研究すると、構造の働き方は理解できるが、それだけでは鳴き声の意味を理解する方法としては不十分だ。文脈も考慮に入れることが必要になる。鳥類は人間と同様に、どの意味がどの音に合うのかを学習する。特定の状況には特定の社会的ルールが必須である。これまでのところ研究者はおもにさえずりの構造だけに注目しており、脳研究と共同したいくつかの研究から、鳥の鳴き声は私たちが思っていたよりも複雑な構造を持つことがわかっているが、鳴き声の意味についてはほとんど触れられていない。鳥類の交流の繊細なやりとりを理解する方法を知るためには、音声を分類するだけでは不十分だ。それだけでは、状況が実際よりも機械的に見えてしまう可能性があるからだ。さえずりの分析には、社会的つながりや、そのほか行動や実使用についての研究が必ず伴わなければならない。レン・ハワードやコンラート・ローレンツといったほかの動物と生活をともにしていた人々は、興味深い背景や、その文脈における見方を提示している。

化学的文法と視覚的文法

ミツバチの働きバチがダンスするのは、仲間どうしで何かを説明するためだ。彼女らは化学シグナルも利用する。ダンスは二種類で、円を描く「円形ダンス」と8の字を描く「8の字ダンス」（尻振りダンスともいう）がある。円形ダンスをするときは食糧が近いことを示し、食糧のありかがほかのハチにもにおいでわかればダンスはそれだけで終わる。食糧が遠いときにはダンスが変化する。ミツバチの巣は板状で（巣板という）、六角形の柱がたくさんくっついた構造（ハニカム構造）になっていて、各六角形の中に女王の卵と食糧が貯蔵される。この巣板が木の枝などから垂直にぶら下がっている。このように空中にある巣から、食糧の所在する場所を示すのは簡単ではない。そこで「8の字ダンス」だ。働きバチは8の字を描きながら、その中にさまざまな種類の意味情報を組み込んでいる。[13] 水平方向は、上方や下方に向かうダンスで表現する。8の字は、二つの半円と一つの直線でできている。働きバチはまずは一つの半円を描き、それから、尻を振りながら直線を描いて元の位置に戻る。次に反対側にまた半円を描き、同じように直線を描いてまた戻ってくれば、ワンクールだ。働きバチが引いた直線が垂直軸に対して作る角度は、太陽の方向と食糧に向かうルートが作る角度に等しい。食糧までの距離は、尾の振り方で示される。尾を速く振るほど近い。ダンスのスピードと長さはハチミツの量を表し、速く踊るほど多い。ダンスをするミツバチは、通常は踊り出す前に、においと味のサンプルをほかのハチたちにも与えるので、ほかのハチは目標のものを理解する。ダンスをすることに加え、ときには距離についての情報を伝える音を出すこともある。

彼女らはほかの種類のダンスもする。たとえば、ほかのハチたちがハチミツをとってくるのを手伝わなければならないことを示すダンスや、食糧をとることを始める、あるいは止めるためのダンスもある。ハチは新しい巣に最適な場所を見つけるためのダンスも踊る。このプロセスには審議が含まれる。どのように進むかは以下のとおりだ。たくさんの偵察バチが営巣可能な場所を調査しに出かけ、各場所について判断する。まずは、周囲がダンスをするのにふさわしいかどうかを判断し、いくつか適切な場所だけを選び、それぞれがどの程度よいのかをダンスの長さで示す。ほかのハチも適切とされた場所についていき、その周囲でダンスをすることもある。これは共同のプロセスで、最適の場所は、すべてのダンスの終わりに残っているところだ。

ハチのさまざまなコミュニティでは、それぞれ固有のダンスがある。おそらくそれは方言だろう。ハチは動きや身振り、音に加えてにおいも利用するが、このにおいの複雑さを解明する研究は始まったばかりだ。使われている複合的なにおいシグナルには独特の文法がある。ハチがコミュニケーションをとるさまざまな方法を調べると、それは言語と確かに呼べるものだということが明らかになる。ハチはサインを使って具体的な情報を伝えることができるのだ。

ハチの文法には、動き、音、におい、視覚的サイン、そして味覚が関与している可能性がある。ほかの動物でも、さまざまな身体的な動きの相互関係に文法が見いだせる。その一例が、トカゲの一種のジャッキードラゴン（*Amphibolurus muricatus*）のコミュニケーションに見られる。彼らは、体の姿勢、地面につけている足の本数、首を縦に振ること、喉を膨らませること、という四つの方法でコミュニケーションをとる。これは単純で洗練されていないように見えるかもしれないが、じつに六八六四種類の組み合わせが可能で、そのうちの一七二種類が頻繁に使われる。一連の行動と行動の長さが意味にとって重要で、それが文法のシステムのあることを示している。[14]

ハイロズジャピ（*Hylodes japi*）というブラジルガエル科のカエルは、最近ブラジルのセーハ・ド・ジャピ山脈で発見された。このカエルも、動きと身振り、姿勢との組み合わせで発声する。彼らは跳んだり、つま先を振ったり、脚を伸ばしたり、空中に腕をあげたり、握手したり、体をひねったり、ふざけたような変な歩き方をしたりする。また、頭を動かして顔で8の字を描き、足をつかんでつま先を見せつけるようなこともする。これまでに研究者によって、五音より多くの音を使った歌を含めて一八種類の発声が記録されている。メスとオスのどちらも特別な方法で触れ合っている。ほかのカエルで観察されたことのないこの方法で、複雑なメッセージを伝えることができる。[15]

二〇時間のラブソング

ヒゲクジラの一種であるザトウクジラがおもに暮らしている水中では、視覚や嗅覚はコミュニケーションにあまり役立たない。だが音は、空中よりも速く遠くまで伝わるので、水中に非常に適している。人間の耳には、クジラの歌は即興的でこの世のものとは思えないように聞こえる。おそらくはそれが理由で、瞑想に使われるのだろう。だが、これらの歌は自然に流れるように聞こえるが、歌には同じぐらい自然に流れるように文法が含まれることが実証されている。[16] ザトウクジラはいろいろな音をつなぎ合わせて、文章を作り（構文を使って）歌を作り出して、それが最長で二〇時間も続くことがある。ザトウクジラ研究者のリュウジ・スズキらは、クジラの歌の研究用にコンピュータープログラムを開発し、[17] すべての歌を音に分解して、記号を割り振った。次に、数学モデルを使ってパターンを分析した。また、人間にそれらの音を聞かせて、耳によってもコンピューターと同じ結論に至った。

ザトウクジラは短い文章や長い文章を組み合わせてメロディを作り、それがさまざまなキー（調性）でリピートされる。歌は長いものも短いものもあり、含まれる要素がわずか六つのときもあれば、四〇〇にのぼることもある。オスのザトウクジラは一年のうちの六か月間は歌っている。一つの群れは各シーズンで新しい歌を歌うが、みんなが同じ歌を歌うにもかかわらず、メロディはシーズンが進むにつれ着実に複雑になっていき、最終的にまったく違う歌になる。グループそれぞれで独自の歌を歌い、それはまるで文化的なことのように見えるが、人気のある歌に別のグループが気づいて取り入れて、それがヒット曲になることもある。こうしたクジラの歌は韻も踏んでいて、エンディングが同じ音になることも多い。クジラが歌っていないときに出す音でも、音色やクリック音は、音そのものも組み合わせも地域によって異なる。そのことから研究者は、クジラの音が人間の方言や言語とさえいえるものだと考えるようになっている。[18] 種によっては、個別のクジラがそれぞれ自分独自の歌を持つものもある。北極に生息するホッキョククジラは、同時に二声（高周波音と低周波音）で歌う。[19] 毎年新しい歌を歌うのはクジラだけではない。たとえばオスのキゴシツリスドリ（スズメ目ムクドリモドキ科）は、毎年五つから八つの歌を歌い、それらの七八パーセントが年ごとに変化する。[20] シコンチョウ（スズメ目テンニンチョウ科テンニンチョウ属）の歌も変化する。シコンチョウの寿命はたった一八か月だが、歌の変化に八年かかることもある。よってこの事例は、明らかに文化の伝達だ。[21]

人間には聞き取れない動物たち

オヒキコウモリは、反響定位を利用して移動したり獲物を捕らえたりする。彼らが出す音は、ほとんどが非常に高い音なので、私たちの耳では聞き取れない。彼らはその音の反響で周囲の状況を聞き取る。音が高いほど、何が起きているのか情報はいっそう正確に伝わる。コウモリはほかにもさまざまな音声を発しているが、人間には簡単に聞き取れないものだ。このため、コウモリの歌は長いあいだ研究されなかったが、現在はデジタル録音機器のおかげで研究が可能になった。それで、彼らの言語が実際にたいへん複雑であることが明らかになってきて、コウモリは現在では人間に次いで最も複雑な形態の音声コミュニケーションを行う哺乳類だと考えられている。オスのオヒキコウモリがメスに求愛するために歌う歌の研究によると、オスは自分独自の歌を考案するのだという。これらの歌には実際に固定要素と特定のパターンも存在するが、すべてのオスは独自の音節と音声、たとえばキーキー声、さえずり、トリル音（震える音）、ブンブン音などを使う。歌は人間の文章のように構成されている。コウモリは、複雑なコミュニケーションを使って、求愛するだけでなく、縄張りを守り、社会的地位を明示し、子どもを育て、侵入者を追い払い、お互いを識別する。[22] コウモリは人間の脳に似た脳を持つ哺乳類なので、言語の起源についてもっと詳しく知ることを目的としてコウモリの脳は現在研究されているところだ。

コウモリ以外の動物で、人間の聴覚の限界以上の周波数でシグナルを送るのはマウスだ。メスのマウスは単純な歌より複雑な歌を好むので、オスのマウスは複雑な歌を歌ってメスを惹きつける。メスが実際にいる場合より、メスのにおいに気づいただけの場合のほうが、オスの歌は複雑になる。実験用マウスは、互いに歌を学び合い、それぞれが自分独自の歌を持っている。[23] 一部の歌は生まれつきのもので、実験用マウスでほかの親から生まれたマウスも、同じ親からいっしょに生まれたマウスたちと同じ歌を歌う。[24] 野生のマウスも歌う。[25] マウスの種による歌の違いは、鳥類での違いよりも大きく、ときにはマウスの歌はマウスが成長するにつれて複雑になっていく。マウスは鳥類ほど重要だと思われていないため、マウスの歌はまだそれほど詳しく研究されていない。

二〇一五年には、マウスのメスが歌い返すことが発見された。人間の耳ではマウスが歌っているかどうかがわからないので、かつてはオスだけが歌っていると思われていた。[26] 動物はオスだけが歌うと人間が思いがちなのは、動物の言語の役割とジェンダーに関するステレオタイプに基づいている。つまり、動物はおもにパートナーを見つけるために、あるいは縄張りを守るために（知性ではなく本能によって）歌ったり話したりするとか、そうすることにおいて積極的に役割を果たすのはオスである、といった思い込みだ。これはジェンダーの偏見に基づいている、とフェミニストの科学哲学者は主張する。[27] セミは、飛び回る小さな昆虫だ。セミのいくつかの種は、地面の中に卵として産みつけられると、ようやく一七年後に、いっせいに卵からかえる。このセミではオスが声を使い、メスは羽で音をたてる。つがいになるための会話では、オスが声で何かをいうと、メスは羽をばたつかせて応える。オスはまた同じことを繰り返し、メスが再び応えてくれると、オスはもう一回、さらに高い声で繰り返して、またメスがそれに応えれば、つがいが成立する。[28]

ガ（蛾）[29]やバッタ[30]など一部の昆虫はマウスのように、人間には高くて聞こえない音を使ってコミュニケーションをとっている。ガやバッタは腹腔に膜のようなものがあり、それを使って音を感知する。コオロギは前肢で音をキャッチするし、[31] カ（蚊）は、触角の付け根に振動を感知する器官があり、それを使って物音を聞く。[32] 昆虫にはおもに触覚で聞くものがいる。音がものを動かすので、その振動を体内で感じとることができる。サメは、体の動きで水を振動させて、それをほかのサメが感じて情報を読み取る。サメは音やにおい、電気シグナルも利用する。[33] 水の振動と電気的コミュニケーションは、どちらも人間にとって感知したり調査したりすることが非常に難しい。

文法を身体で表現する

コウモリ、鳥類、ハチなど、さまざまな動物の言語は、それぞれの構造をそなえており、人間の言語の構造と比較できる。動物の言語に文法があるかどうか――文法をどう定義するかによるが――とか、どうすればオランダ語や英語の文法と比べられるのか、といった疑問に対し、研究はまだはっきりした答えを出していない。だが、それが奇妙な疑問ではないことは確かだ。私たちは動物のコミュニケーションについて多くのことを学ぶほど、その複雑さがよりいっそう見えてきて、人間はますますそれについて学んでいるところだ。

ほかの動物の文法を評価するときの課題の一つは、ボディランゲージの担う役割だ。表情や姿勢、動きはコミュニケーションの原初的な要素のように思われるかもしれないが、ウィトゲンシュタインは美的判断についての論考の中で（彼は美的判断を複雑だと考える）、人が〈鑑定家〉（一家言を有する者）として認められるのは、まさに非言語的な判断においてだと指摘する。[34] つまり、うなずくしぐさ、何らかの態度での表現、誰かの同意のつぶやき、一言漏れた音声においてということだ。人間以外の動物もまた、耳の向きから尾の角度まで、かすかな身体的手がかりから多くの情報を得ることができる。彼らの言語を正しく評価するために、どの動きが意味を持つか、どの動きは意味を持たないのか、そうした意味は何なのかを学ばなければならない。科学技術の進歩のおかげで、動きを記録した動画の分析においてだけでなく、私たちには感知できない発話を利用し、データをデジタル解析することができる。だがそれでも、ときどき課題が残る。たとえば、ゾウのたてる音は非常に低いので、音を再生するには巨大なスピーカーが必要になる。それをジャングルに持ち込んでゾウに見えないように使うのは、相当な技がいるだろう。

また、ここで枠組みそのものを問いただすことも重要だ。人間の文法をすべての文法の正規の枠組みと見なせば、動物の文法の正しい評価は困難になる。動物の言語が人間の言語に劣るということにもなり、人間の言語が出発点だと見なすことになる。だが、ウィトゲンシュタインが意味のある相互作用の枠組みとして考えた文法は、もっと緩くてほかの種類の規則に対して開かれているからこそ、ここで役に立つ。人間の言語の範疇でも、私たちはさまざまな言語ゲームを見つけて、いろいろなやり方で意味を作り出せる。詩では文法の規則を使って遊べるし、規則に疑義を投げかけることもある。だが、詩はそれでもなお意味を持ち、ときには、それだからこそ意味を持つ。

第6章

メタコミュニケーション

一匹のメスのイヌが、一匹のオスのイヌを見つけると、そちらに向かって走っていき、正面一、二メートルのところで急停止して、頭を下げる。メスは上半身（頭側）だけを低くして、後ろ脚を立てたままの姿勢だ。そして、尾を振る。オスが反応しなければ、メスはオスに向かって吠えかかる。このときのメスの姿勢が「プレイボウ」だ。

マーク・ベコフはイヌとオオカミ、コヨーテの遊びについて長いあいだ研究していた[1]。遊びの中でこれらの動物は、ふつうは意味の異なる状況（戦う、逃げる、攻撃する、性的アプローチをするなど）で起こる行動を利用して、それはそうではなく遊びであることを示すために、遊びのシグナルを使う。プレイボウはそうした行動の中でも最も重要なものだ。姿勢は正確にはいろいろで、上半身（頭側）を低くするのと、尻を高く上げるのは必ずすることだが、尾を振ったり、吠えたり唸ったり、そのほかに動いたりするのは、したりしなかったりだ。イヌやオオカミ、コヨーテは、仲間のこの動きに気がついて、遊びに誘われているものと理解する。プレイボウはゲームの始めには仲間を遊びに招くのに使われ、それから遊びの最中には、相手が興味を失ったように見えればもっと遊ぼうとうながすために、そして激しくなりすぎたとき——相手をきつく嚙んでしまったり、相手を殴り倒してしまったりしたとき——に、たんなるゲームだよと示すためにも、プレイボウが使われる。「私は遊びたい」と「私はまだ遊んでいたい」のどちらの意味にもなり、さらに、「それについてはごめんなさい」という意味も入ることがある。

遊びでは、優位のイヌが服従の姿勢をとることがあるし、その逆もある。コヨーテもそうだが、それはよく知っている相手に限る。彼らは自分自身にハンディキャップをつけて遊ぶこともある。故意にゆっくりと低い姿勢で動くことで、自分より弱い、あるいは小さいコヨーテと楽しく遊べるようにするのだ。とはいえ、一定の社会的慣習はイヌの遊び中にも変わらず存在する。優位のイヌが別のイヌの口をなめることは、皆無ではないがほとんどしないし、ほかのイヌにマウンティングすることも通常は一方的な行為だ[2]。遊びの狩りには、ほかのイヌを追いかけることや、ほかのイヌに飛び乗ったりぶつかっていったりすることが含まれ、この場合も役割は逆になることがある。遊びではほとんどの場合に、協力と競争の相互作用が存在する――動物は自分の力を試し、ともに作業するのだ。

イヌやほかの動物が遊ぶのは楽しむためだけではない。ベコフは、遊びが非常に多くの行動や表現に及ぶもので、それらは種によって性質がまったく異なるようでもあると指摘している。遊びにはつねに特定の機能があるとは限らないようで、何かの振りをするといった創造性が重要となる。動物は自分が他者の意図を理解していることを示し、遊びにおける戦いの構えは、遊びでないときの戦いの構えとは違う意味を持つ。プレイボウのようなシグナルはこの枠組みを構築する。他者の姿勢を見ること、発声やアイコンタクトも重要だ――動物は遊びながら絶えずお互いを見ている。動物は遊ぶことによって、群れにおける自分や仲間の強さや地位について学ぶのだ。

もちろんイヌだけが遊ぶ動物というわけではなく、近年では動物の遊び行動についての研究がますます増えている。ほとんどの哺乳類は遊ぶし、鳥類、爬虫類、魚類も遊ぶ。遊びに似た行動は、頭足類、ロブスター、それから、アリやハチ、ゴキブリなどの昆虫でも見られる[3]。

遊びから言語まで

遊びは本質的に創造的であるとカナダの哲学者ブライアン・マッスミは主張する[4]。動物は遊ぶことで学習するが、遊びを学習行動や序列の構築に単純化することはできない。遊びは機能的なだけではなく、美しさや楽しさの役割もある。動物はそれぞれ独自の遊びのスタイルを発展させるので、みんな違うものになる。アドリブで好みが作られ発展していくので、文脈によっても違い、時間がたつにつれ変化することもある。たとえば、イヌは遊びの相手によって遊び方を使い分けることもあり、年齢があがるとともに遊びの始め方も変わっていく。

すべての行動には創造的な構成要素があるとマッスミは主張する。それは、本能的に見えるものにさえあてはまるという。たとえば、ウサギがいつもまったく同じ方法で逃げれば、捕食者はウサギの動きを予期できることになる。この行動の一定要素（逃げることなど）はつねに同じであるとはいえ、個々の周囲環境に合わせて変えなければならず、変化のばらつきや個別の情報を加える余地がある。たとえば、ウサギは左へ向かって、もしくは右に向かって走るかもしれないし、盛り上がった土の陰に隠れる、あるいはしばらく動かずにいるかもしれない。ウサギはアドリブでその場面に対処することが必要だ。本能と表現行為は、変化してアドリブで対応する能力として理解されるもので、対立するものではなく、お互いを前提とするものだ、とマッスミは述べる。文化もまたそこに影響を及ぼすだろう。つまり、動物は他者から学習するし、スタイルとオリジナリティは重要である、ということだ。創造的側面は、ミミズのような種の行動にさえ見られる。ダーウィンはミミズについて詳細な研究をして、ミミズ一匹ずつを個性のある動物と見なし、ミミズそれぞれが独自のやり方で刺激に対して反応し、ある種の抽象化が必要な学習も可能であるとした。[5] ミミズのそうした行動をイヌが示すのを見れば、痛みや恐れを感じる能力など、一定の資質がミミズにあることを認めたくなるだろう、とダーウィンは主張した。ミミズは私たちに似ていないので私たちは懐疑的だ。このように懐疑的であることが妥当なのか、ダーウィンは疑問を感じていた。

言語と遊びはさまざまな方法で結びついている。第一に、言語的な発声は遊びの一部の場合があり、遊びはコミュニケーションの一形態だ。第二に、言語において本能と知性のあいだにはっきりした境界もない。人間の表情やカモが母親を求める鳴き声など、表現の形態の多くは生得的なものだ。これは、キンカチョウ（スズメ目カエデチョウ科キンカチョウ属）のさえずりや、人間が書くこと、といった学習された言語形態とは違うものだ。こうした生得的な言語形態は、創造的な要素を確かに含んでいるが、さらに洗練されたものにもなる。マウスは年をとるほど複雑なやり方で鳴けるようになるし、人間はどんな文脈では笑うべきなのか、笑ってはいけないのかを学習することができる。第三に、メタコミュニケーション――コミュニケーションについてのコミュニケーション――が、しばしば遊びの中に含まれる。私たちは言葉について言葉で話し、本書のように言葉について言葉で書く。遊びの中で、イヌは自分たちの言葉の使い方について何かをいう。ふつうはほかの文脈で発生する動きとして理解されるものについて、たとえばプレイボウをやって見せることによって何かいうのだ。これが必要なのは、遊びが戦いに変わることなく行えるようにするためだ。

ユーモアも同じやり方で機能することがある。言葉のジョークは言葉での遊びで、それを構成している言葉は、それがもともと持つ意味を持たないか、それ自体の意味に疑問を投げかけている――どたばた喜劇は、動きを誇張したり別の文脈で利用したりする。遊びでは、動物は自分のいる状況以外の状況での行動をとることができて、同じ種の仲間だけでなく人間とも、その行動についてのコミュニケーションがうまく図れる。これまでの章で、ヴィッキー・ハーンがイヌのソルティにダンベルをとってくることを教えた事例を述べた。ソルティはこれをゲームに変えて、故意にハーンが頼んだのとは違うこと——ゴミ箱の蓋をとってくるとか、ダンベルを別の誰かに渡すこと——をした。ハーンは、これがジョークであるとし、ソルティがゲームのルールを身につけたからジョークを行えるのだと考えた。ソルティが行ったことは、イヌどうしで遊ぶ方法に似ている。ゲームの状況で、行動は違う何かの意味を持ち、ゲームをもっと楽しくするために創造的な行動をとることができる。ダンベルをただとってきて知らない人に渡すことに意味はないが、それがゲームの中であればもう一方の参加者にとっては相手からの挑戦として働くだろう。

遊びから倫理まで

ゲームには特定のルールがある。動物はそのルールを他者と遊ぶことによって学習する。動物は、安全な形態の競争で他者に対して自分自身を試すことや、本物の戦いではなく遊びを通じて他者とともに働くことができる。だが、マーク・ベコフはたんなるお遊びでこれを調査しているわけではない。動物の遊びに関する彼の研究は、倫理の進化についての研究プロジェクトの一部になっている。ベコフはジェシカ・ピアスとの共著で、動物の倫理と正義について書いた。それらは社会的な決まりごとに基づいており、ある程度は遊びをとおして決められ学習されるとしている。[6]そして、人間における倫理は、人間の中だけで進化したのではなく、異なる種とひと続きであることを主張する。倫理、愛、正義といった資質が人間に見いだせるとすれば、これらの資質はほかの種にも、それぞれの種に合うような形で見いだせる可能性がある。

ベコフは倫理と遊びの結びつきとして、プレイボウが間違ったやり方で使われることはほとんどないという事実があてはまると考えた。遊びたかったイヌが、遊びではなく喧嘩を始めてしまう、といったことはめったにない。もしそれで喧嘩を始めてしまうと、ほかのイヌはその喧嘩っ早いイヌとは遊びたがらなくなり、結果としてそのイヌは社会的に疎外される。遊びの中でイヌは社会的ルールを定め、子どものイヌはそれを学ぶ。他者の役割を担ってみることで、また、乱暴になりすぎず手加減して遊ぶことで、群れで社会的に受け入れられることを見定める。これは安全なゲームの範囲内で可能だ。手ひどく噛んでしまうといった正しくない行動が、直ちに喧嘩につながるわけではない。イヌはプレイボウによって、乱暴するつもりではなかったことを示せるからだ。遊びは自発的で開かれたものなので、ものごとの限度を定義する良質な環境を作り出す。したがって、動物の子どもが社会的、認知的、身体的な成長をするために、遊んで学ぶことは重要だ。動物がほかの動物と遊ばなければ、その後も生きていくうえで、群れの社会規範と価値観の認識を欠くことになる。

倫理と社会的相互作用

人間以外の動物は、知的能力に欠けるために倫理的に行動しない――あるいはできない――と考えられることは少なくない。このことは、行動についての決断が熟考のうえでなされるとする倫理特有の考え方を表している。ところが、人間の道徳心理学における最近の研究[7]では、倫理（道徳）は主として習慣と社会化の問題だということが示されている。溺（おぼ）れている人を救助することなど、多くの倫理的決断は無意識に瞬時のうちになされ、いろいろなことを考える余地はまったくない。人間は一定の社会的性質を持って生まれ、ほかの人間と生活してコミュニティの規範を身につけることで、子どものうちにこの性質をさらに育む。

ほかの社会的動物も同様の社会的行動をとる傾向があり、そうした行動によって群れの中の相互作用はさらに発展する。種によって倫理の程度はさまざまなことがわかる。家畜化された動物は、私たちの最もよく知っている動物で、無秩序な行動はまったくとらないという場合が多い。そして、人間とまったく同様で正しいしつけをすれば、人間と人間以外の動物で共有するコミュニティの社会規範と価値観に従う[8]。だから、ともに生活することができるのだ。同じことは人間にもあてはまる。人が、社会的状況におけるすべての行動を比較評価しなければならなかったら、そうしたことに割く時間がかかりすぎるだけでなく、社会の安定性を危険にさらすことにもなるだろう。

倫理のこの社会的な考え方には、身体が重要な役割を果たす[9]。他者とともに行動することによって、私たちは自分の身体的レパートリーに一定の規範やルールを加え、それから自分の体を使って表現する。私たちは無意識のうち倫理的に行動することがある。あるいは、体が先に何かをして、そのあとそれについて考える、ということもある。私たちは自分が誰であるかを、何かを話すことや意見を述べることよってだけでなく、行動することによって示す。私たちが他者と共有する社会的枠組みは、個人の経験とまったく同じぐらいここで重要になる。また、人間がほかの動物とともに暮らす社会的枠組みは、動物の存在と行動によって形作られる。同時に、動物の存在と行動は、社会的枠組みによって形作られるのだ。

動物の倫理

一九九六年八月十六日、イリノイ州（アメリカ）のブルックフィールド動物園で、三歳の男の子が柵を乗り越えてゴリラの飼育エリアに誤って落ちてしまい、そこで意識を失った。八歳のメスのゴリラ、ビンディ・ジュアは直ちにその子のもとに駆けつけた。周囲にいた客たちはビンディ・ジュアが男の子を襲うのではないかと恐れて、叫び声をあげだした。だが、ビンディは男の子を抱き上げると、ほかの襲ってきそうなゴリラを遠ざけながら職員のもとにいき、男の子をそっと手渡した。そうするあいだずっと、自分の赤ちゃんを背に乗せたままだった。
ビンディ・ジュアが示した共感の行動はビンディだけに見られるものではない。一九八六年にジャージー動物園（イギリス）のジャンボという名のオスのゴリラも、飼育エリアに落ちた五歳の男の子を拾い上げて、職員に手渡した。レスターシャー州（イギリス）のトワイクロス動物園にいるクニという名のボノボは、自分の飼育エリアで飛べなくなったムクドリを見つけた。クニはムクドリを押して動かそうとしたがうまくいかなかったので、その鳥を拾い上げて、近くの高い木のできるだけ高いところまでのぼり、鳥を飛ばせてやろうとして羽根を広げさせて空中へ放ったが、うまくいかずに鳥は地面に落ちた。するとクニは、今度は鳥を飼育エリアの壁の外へ放って出そうと試みた。あとで職員が見にきたときには、すでにムクドリは飛び去ったあとだった。少し時間がたって回復したのだろうと思われた。[10]
こうした行動の倫理的価値観については、意見が一致していない。動物行動学者のフランス・ドゥ・ヴァールは、ニシローランドゴリラのビンティ・ジュアの振る舞いを共感の行動だと見なしたが、ほかの科学者はそれを疑い、学習行動〔訳注：先天的なものではなく経験をとおして習得した行動〕だと主張した。[11] ビンティ・ジュアは、自分の赤ちゃんとともにさまざまな実験に利用される動物として、人間に育てられていたのだ。だがジャンボは自分の母親に育てられた。クニはムクドリをどう扱っていいのか知らなかったが、ムクドリがあたりを飛び回っているのをしばしば目にしていた。これが共感の事例なのか、そうでないのかに明確な回答はないが、意味のある疑問ではある。この疑問に取り組む方法が二つある。動物の心や体で起こっていることを見つけ出すことと、共感という用語の意味をよく調べることだ。用語の意味についてはのちに取り上げるつもりだが、まず、動物の倫理についての研究をもっと深く見ていこう。

ベコフとピアスは、協力と共感、正義という三つの研究領域に言及して倫理について議論している。そして、動物の群れにおける社会の複雑さと倫理の複雑さには関連性があると考える。これは理に適っているだろう――複雑な社会的群れで生きる動物は、お互い平和に付き合うために、より多くの社会的ルールを必要とする。同じ関連性は、社会の複雑さと言語にもありそうだ。関連性が多いほど――そして相互作用が複雑なほど――多くの言葉が必要になる。

動物の倫理の研究は、実験室とフィールドのいずれでも実施されている。飼育されているさまざまな動物は、他者の幸せも考えていることが示されている。ラット（齧歯類全般）とアカゲザルは、何かを食べると仲間が電気ショックを受ける場合には、食べることを拒否する。[12] オスのダイアナモンキーは、食べものの獲得方法がわかると、その方法を知らないメスの手助けをするが、そのときオス自身には明らかなメリットはない。[13] 飼育下のチンパンジーは、ほかのチンパンジーも食糧にありつけるように、ケージの扉を開けてやるだろう。[14] だが、誠実さは、同じ種の他者との関係で重要だと認識されるだけではない。オマキザルは、不当な扱いを受けると、研究者に協力して作業することを拒否する。[15] 野生では、ゾウが親しい仲間を慰めたり、[16] 群れの仲間が他者から自分の身を守れない場合にはかばってやったりする。[17] イルカたちは病気の仲間のそばを離れず、できる限り助けるために、たとえば弱っているイルカを囲んで救命ボートのような形になる。[18] イルカが人間やほかの動物を助けたという逸話もいくつも存在する。一九八三年には、ニュージーランドのトケラウビーチで、イルカの群れが手助けをして、ゴンドウクジラの群れが海に戻ることができた。その五年前にも、ニュージーランドのファンガレイ港で同じことが起こっていた。二〇〇四年にはニュージーランド北岸沖でイルカの群れが、泳いでいた人々の周りを輪になって囲んで、ホホジロザメから守った。また、あるダイバーのグループが紅海で方向を見失ったときには、イルカが彼らをサメから守り、人間の救助員にダイバーたちのいる場所を知らせた。[19]

科学者は社会的行動と倫理的行動とを区別する。進化生物学者にとっては、たとえば自分の子どもの世話をすることが社会的行動で、それには倫理的行動が含まれるかもしれないが、それ自体は倫理性の表現ではない。動物の一つのコミュニティの中に倫理性があることは、コミュニティ間にも倫理性が存在するということにはならない。オオカミの社会的結束と倫理性についての研究はかなり行われてきた。オオカミたちの中に誠実な取り決めがあるという事実は、オオカミと獲物のあいだにもそうした取り決めが存在することを意味しない——もちろん人間も自分の種に特権を与えることが多い。一つの種に属していることよりも、おそらく一つのコミュニティに属していることのほうがここでは重要だ。つまり、家畜化された動物は、異なる種のメンバーとの関係において倫理的に行動することを習得し、あるいはコミュニティのルールに従う[20]。

さまざまな動物のコミュニティでは、倫理性もさまざまな形態をとりうる。それは、さまざまな習慣やしきたりに由来する。動物にはマナーがある。たとえば、最初に食べ始めるのは誰か、挨拶はどのようにするか、といった一種のエチケットだ。このような習慣は、群れの規範を表すものとして倫理的に重要だ。これは他者を考慮に入れるだけの話ではなく、個人的利益でもありうる。たとえば、人間の倫理的行動は、恥をかかないためだったり、群れで社会的優位に立って利益を得たいためだったりする。動物の倫理性について話すとき、動物が人間の倫理性と同一の倫理性を持つという意味ではない。しかし、人間の場合と同様に、規範と価値観、そして他者への配慮がかかわるものである。

協力

協力的な行動はさまざまな状況で――パートナー間で、二者間で（知らないどうしでも、知り合いどうしでも）、大きなネットワークで、家庭環境で――起こりうる。[21] 動物は生態系の中でも、無意識な細胞レベルでさえ連携することがある。動物が協力する理由はいくつも考えられる。たとえば実用的なことや、私利私欲に基づくこと、あるいは相手への気遣いかもしれないし、いっしょにするのが気持ちいいから、ということもあるだろう。協力は行動の別の種類というのではなく、社会的で有用な行動のさらに大きなネットワークの一部だ。協力は人間でも動物でも、必ずしも十分な情報に基づく熟慮のうえの決断によるとは限らない。たとえば、ホルモンのオキシトシンは、母子関係やパートナー間で役割を果たし、いくつかのほかのホルモンと組み合わさって人間どうしのもっと広い社会的協力を後押しする。前述のように、オキシトシンは人間とイヌの関係性においても大きな役割を担っており、動物どうしの関係性にも影響する。

生物学者は協力のさまざまな形態を区別する。血縁選択説は、血縁関係がない相手よりもある相手のほうを優先する利他主義の形態だ。ジリスは捕食者の存在を知らせる警戒声を出すが、叫んだジリスは居場所が捕食者に直ちに知られるので、攻撃を受けやすい。この種のメスは血縁関係のあるものどうしで生活しており、家族の近くで暮らさないオスよりも頻繁に警戒声を発する。

　相利共生は協力の一つの形態で、違う種の複数の動物が、単独の種では不可能なことを達成できるようにすることで、直接的な結果を見込んで行う。これは最も簡単な種類の協力と考えられ、悩む必要はほとんどない。この行動には群れで狩りをすることも含まれる。たとえば、ハタ（スズキ目ハタ科）とドクウツボ（ウナギ目ウツボ科）は狩りをともにする。事前に、頭を振ることによって、狩りについての合意を交わしている[22]。

　互恵的利他主義は協力の別の形態で、家族のつながりに基づかないものだ。これはおもに霊長類で研究されてきた。ある動物が別の動物の毛繕いをするとき、ある程度のエネルギーを必要とし、相手の動物がいつかお返しをしてくれることを期待する。動物は、自分を最もよく毛繕いしてくれる相手の毛繕いをするし、自分の毛繕いを頻繁にしてくれる相手をよく助ける傾向もある。インパラは互いに毛繕いをして[23]、ヒヒはときには毛繕いを交代してほかのヒヒの赤ちゃんを抱くこともあり[24]、吸血コウモリは群れの中のほかのコウモリに食糧を与える。

　長いあいだ、人間だけが一般化された互恵主義を実践する能力があると考えられていた。これは知らない人でも助けることや、お返しが期待できなくても人助けをすることを指している。だが、飼育下のチンパンジーは、お返しが一切期待できない場合にもたびたび人間を助けることが研究で示されている。ある実験で、チンパンジーは人間たちには届かないところにあった棒をとって人間に手渡した[25]。そして、見返りを期待せずにほかのチンパンジーを助けること、たとえばほかのチンパンジーのケージの扉を開けてやることなども見られた[26]。ラットも知らない相手を助ける。知らない相手でも以前に自分を助けたことがあるラットの場合は、助ける傾向が強まる[27]。利他主義に関する研究はまだ数が少なく、飼育下の動物に限られているとはいえ、動物の倫理観はかつて考えられていたよりも複雑なことが示されている。

人間以外の動物の知的能力に関して、協力の構成要素とは一体何か、ということには議論がある。オオカミは群れで狩りをする。それぞれがほかのオオカミとお互いに行動を合わせることで、自分だけで狩りをするよりも大きな獲物を捕まえて取り押さえることができる。オオカミが心の中の共通目的に協力すると考える生物学者もいるが、真の協力が含まれているかどうかは疑問だとする生物学者もいる。彼らはたんに空腹で、これが食糧を得る唯一の方法だとわかっているだけだろう、というのだ。ここでは観察はほとんど役に立たないだろう。たとえ狩りにおけるコミュニケーションの利用と役割の研究を進めて彼らの意図が明らかになるにしても、これは協力の哲学的定義あるいは概念定義に関する問題だからだ。

互恵的利他主義のあらゆる形態に、協力が含まれるとは限らない。ある動物が相手のために何かをして、相手がお返しに何かをするときに、実際の協力は一切ないこともある。また、協力のすべての形態が互恵的というわけでもない。あるライオン研究によると、ライオンは侵入者を追い払うために必ずしもともに行動するわけではなく、協力しなかったライオンが、協力しなかったために罰せられるということもないという。[28] さらに、すべての協力やすべての利他行動が倫理的行動というわけではない。ベコフとピアスは、この文脈において粘菌の利他行動について議論した。粘菌は、かつては黴(カビ)に分類された生物で、現在では黴とは別の単細胞生物のグループに入っているが、何であるか正確にはわかっていない。一部の細胞は、自分自身を犠牲にして、残りの粘菌が存在し続けられるようにする。[29] これは利他主義だが、私たちが倫理と考えるものの要素が欠けている――知る限り粘菌は、私たちが倫理と関連づける情動的な複雑さや認知的な複雑さを持っていない。ベコフとピアスは、行動が倫理的といえる動物は複雑な社会的関係性の中で生きている場合に限ると主張する。つまり、動物のグループが、善悪の明確な基準や、行動の柔軟性、豊かな生活の感情的側面をそなえている場合だけということだ。これは確かに、もっともらしいと感じられるだろう。だが、私たちはまだ多くの種についてはほとんど知らないので、線を引くときや、ほかの動物を人間にどれほどよく似ているのかを測るときには、慎重に行うのが賢明に思われる。

共感と感情的コミュニケーション

生物学と動物学では行動のレベルを示すために共感が用いられる。共感の単純な形態は、感情の伝染だ。たとえば、誰かが怖がると、自分も怖くなってくる。これは身体的で直観的な反応だろう。多くの動物は共感のこの形態を経験しており、最近では、これが陸生等脚類（ダンゴムシやワラジムシなどの甲殻動物）でも示されている。[30] もっと複雑な形態には、他者援助、認知的共感（他者の感じ方を理性的に理解）、帰属（他者の見方を推測するために想像力を使用）がある。共感は感情的なコミュニケーションの一つの形態と見なされる。これにおいて、顔に浮かぶ表情は、重要な役割を果たす。オオカミは非常に社会的な動物で、コヨーテやキツネよりも洗練された表情を持つ。[31]

多くのさまざまな動物は共感を持った振る舞いをすることが知られている。ダーウィンは、スタンスベリー船長が見つけた年寄りで太っていて目の見えないペリカンについて書いている。そのペリカンが別のペリカンに食糧をもらって生き続けていたのは明らかだった。ダーウィンによると、カラスも目の見えない仲間の面倒を見るし、目の見えない若いオンドリがほかのニワトリに世話されている話も聞いたことがあるという。[32] 現在では、ラットの共感についての研究も数多く行われている。彼らのＤＮＡが人間のものに似ているからだ。逆説的だが、この研究は非常に残酷なことが多い。動物が他者の苦痛に対してどのように反応するかをテストするためだ。動物は自分と同じ種にだけでなく、ほかの種にも共感する。伴侶動物は飼い主の人間に共感し、ときには人間を慰めようとさえすることが知られている。動物の群れが、人間の子どもを受け入れて育てたという話もある。[33]

行動の研究のほかに、共感すると脳ではどうなっているかを調べる研究もある。動物は別の動物の行動を見るとき、自分がその行動をしているときと同じように、ミラーニューロンが活性化する。このニューロンは、他者の行動を理解し解釈することに関与し、他者が考えていることについての手がかりを与え、おそらく言語と感情の洞察力を磨くにあたって重要なものと考えられる。ミラーニューロンは、人間やほかの霊長類、鳥類の脳で見つかっている。スピンドルニューロンは紡いだ糸のように長い形をしていて、これのおかげで愛情を感じたり感情的に傷ついたりすると考えられている。長いあいだこれらのニューロンは、人間とそのほかの大型類人猿だけに存在して、ほかの哺乳類とは違う私たちの優位性を示すものと考えられてきたが、今ではクジラやゾウにも見つかっている。そして同様に、共感や社会組織、言語、他者の感情についての直感において一翼を担っている。[34]

動物に関する生活の感情的側面、さらに倫理と言語の研究も現在は人気になっている。感情は生物学において、行動のコントロールを助ける心理的現象として理解される。これは簡単そうに聞こえるが、ベコフの指摘によれば、感情の概念を規定するのは実際に非常に困難で、それはおそらく非常に広く雑多なものが含まれるから、もしくは、その複雑なテーマを網羅する理論は存在しないからだという。[35]とはいえ、感情は存在し、社会的関係において極めて重要なのは明らかだ。私たちは自分の感覚を使って他者の感情を読み取ることができる。感情は、態度や、におい、音、表情を使って示されるのだ。他者も、同じように私たちの感情を読み取ることができる。そこには基本の感情すなわち衝動的な感情と、二次的な感情、すなわち意識的に感じ取って経験し、それに対して反応する感情がある。感情と認識は、人間の中でもほかの動物の中でも結びついている。だが、どのようにつながっているのかは、正確なところはまだあまりわかっていない。

ベコフは、人間以外の動物の恐れや喜び、悲しみ、愛、怒り、そして恥ずかしささえも、多くの例を用いて検討している。動物の感情についてさらなる研究は、専門分野の垣根を越えて行われるべきであり、動物がなぜそれを行うのか、なぜそのように感じるのかをもっとよく理解できるように動物の生活についてもっと知る必要があると、ベコフは強く訴える。動物が何も感じないと思い込んだり、動物を理解しようとしなかったりするのは、不毛なことで、そうしたイメージを追認するだけの研究課題につながるだけだ。イヌは人間とはまったく違う感情を持つと思われる。しかし、それはイヌには悲しみや喜びのようなものがないことを意味していない。まったく違う種の動物でも人間に似た感情を持ちうる。攻撃を受けたばかりのミツバチは悲観的になっていて、コップに水が半分しか入っていないという気持ちになり、攻撃された経験のないミツバチは楽観的で、コップに水が半分も残っているという気持ちになる。[36] イヌ[37]とゾウ[38]は心的外傷後ストレス障害（ＰＴＳＤ）になることがある。シャチのティリクムが水槽の中で鬱になり、人間を陥れたことについてはすでに述べた。

一部の動物は、いっしょに生活する仲間だけでなく、死んでしまった仲間にも心を寄せる。たとえば、チンパンジーが死んだ仲間を悼むことは有名で、このことを最初に書いたのはジェーン・グドールだった。ゾウにも弔いの儀式がある。ウサギが仲間を悼むことについても、ジュリー・アン・スミスが書いている。また、ゾウは家族の墓を何年も繰り返し訪れ、すでに述べたように、自分の知らないゾウの骨にも関心を示す。これはゾウそれぞれの状態を超えた死というものへの理解を示す。キリンについての最近の研究でも、同様の死の儀式が明らかになっている。[39] ゴリラのマイケルは、自分の両親を殺した密猟者について手話で表現した。カラスは、群れの仲間が死ぬと埋葬する。それはキツネでも観察されている。以上に述べたことはすべて、自己の利益と日常の交流を越えて拡張する他者に対し、関心を持つことのさまざまな形態だ。[40]

特定の動物の儀式をスピリチュアルと見なしたり、宗教的とさえ考えたりする研究者もいる。[41]人間では、宗教は心で考える何かというだけではなく、心の中に深く留まり、おもに清めや祈りなどの実践からなるものだ。個人とコミュニティは、日常習慣によって、また儀式によって形作られる。ジェーン・グドールとバーバラ・スマッツは、人間のスピリチュアルな経験を貶めることなく、人間以外の動物の経験について書いている。グドールのチンパンジーとスマッツのヒヒはどちらも、少なくとも人間の観察者にとってはスピリチュアルに見える。スマッツは、研究対象にしていたヒヒたちが水たまりを囲んで座り、中を見つめていたことを記述している。彼らはあたかも非常に深く考え込んでいるかのようだったが、その後は再び、全員が同時にゆっくりと立ち上がり、沈黙したまま先へ歩いていったという。スマッツはそうした儀式を二度目撃して、そのときには、いつも騒がしい若いヒヒたちさえ静かになったそうだ[42]。グドールはゴンベの滝のそばで見たチンパンジーのダンスについて記述している。実用的な目的はなさそうだったが、畏怖と驚嘆の感情に刺激されたように見えたという[43]。ゾウ・リスニングプロジェクトを設立したゾウの研究者ケイティ・ペインは、ラジオのインタビューで、ゾウの群れではときどき全員同時にまったく動かなくなることについて語った。ゾウはそうした状態で一分以上、沈黙したまま止まっている。ペイン自身はクエーカー教徒で、ゾウのそうした行動からクエーカーの集会で全員が沈黙することを思い出したという。彼女には瞑想の一形態のように思われたのだ[44]〔訳注：クエーカーは、キリスト教プロテスタントの一派であるキリスト友会（フレンド派）の通称。礼拝の形態に沈黙集会がある〕。

ルールと正義

ダーウィンはすでに、動物が意識を持ち、善悪を区別できるという見方をしていた[45]。その理論は、彼の観察や逸話、調査に基づいたものだ。ベコフとピアスはこれを支持し、共感は倫理行動の基礎だと主張した。私たちは動物を見ることで、彼らがものごとを感じるのを知ることができて、ときには彼らは私たち自身であると感じる。なぜなら、共感は種間の現象でもありうるからだ。人間の正義感は最も高度に発達していると考える人々もいるが、最も高度かどうかは定かではない。シャチは、非常に大きな脳を持ち、その脳には人間の持たない領域が辺縁系の近傍にあって、感情の処理を扱っている。このため、一部の研究者は、おそらくシャチは人間よりも社会的で、人間よりも豊かな感情的側面を持つだろうと考えている[46]。ほかにも多くの動物が正義感を持っている。

チンパンジーと人間の子どもの公正さの感覚は、「最後通牒ゲーム」の修正版で研究されている。このゲームでは、一頭のチンパンジーあるいは一人の人間の子どもが提案者の役になり、提案者は二種類のトークンから一つを選ばなくてはならない。一方のトークンを選択すると、応答者の役になったパートナーと報酬（食べ物）を等しく分け合う提案になり、他方のトークンを選択すると、報酬を自分（提案者）に多く、パートナー（応答者）に少なく分配する提案になる。パートナー（応答者）は、提案者の提案を受け入れる場合には、トークンを実験者に手渡し、それによって両者は提案どおりの報酬を受け取れる。パートナー（応答者）は提案を拒否することもできて、トークンを実験者に手渡さなければ、両者とも報酬をまったく受け取れなくなる。以前には、動物はいつも利己的に選ぶだろうからこのゲームでは遊べない、と考えられていたが、それは間違いだと判明した。つまり、チンパンジーと人間の子どもたちは、人間のおとなと同じように選択した。提案者はパートナー（応答者）から援助が必要な立場の場合には、（公正に分け合う提案をした（パートナーの心証を悪くしないようにしようと考えた行動をとった））が、従順なパートナーに対しては利己的なトークンを選んで提案した（利己的な提案でも受け入れてもらえるだろうと考えた行動をとった）のだ[47]。

不平等を感じ取るのは類人猿や霊長類に限らないことが、研究で示されている。イヌにお手をさせる実験で、お手をしていたイヌたちが、ほかのイヌがお手をしてご褒美をもらえなかったのを見たときは、お手をしなかった。彼らはさらにストレス症状も示した。実験を行った研究者は、これはイヌが公正と不公正を感じ取る証拠だと考えた[48]。イヌは、人間どうしの社会的行動にも評価を下して、自分の飼い主に共感的な忠誠心を示す。ある最近の研究では、イヌに、飼い主がほかの人々に手伝ってもらって箱を開けるのを見せ、また手伝わなかった人々がいるのも見せた。そのあとで、手伝わなかった人がそのイヌにおやつを与えようとしても、たいていのイヌは拒絶した。だが、手伝った人がビスケットをくれればもらうのだ[49]。

感情と倫理性の研究によっても、人間の倫理性をさらに詳しく見ることができる。人間は、正義感に関しては自分たちが特別によく発達していると考えがちだが、自分の利益のために人間以外の動物を大々的に利用し搾取する種でもある。もっと広い意味で、私たちの住む世界は、人間の行動によって左右されるところが大きい。このことは思想家たちを駆り立てて、今の時代は人新世と名づけられた。人間は、人間以外の動物の多くの群れの縄張りを占領している。そして多くの場所では、道路や建物、船舶だけでなく、騒音やそのほかの形態の汚染によって、共有の場所を支配している。ほかの動物に対する人間の義務と責任を見極めることは、本書の範囲を超えている。それでも、それらを検討するには、言語の研究が役立つだろうということを私はぜひとも示したい。なぜなら、私たちは言語によって、他者の内面生活を深く理解できるようになるからだ。そして、言語が中心的に働くことで、動物たちとの新しい関係性をもたらす可能性があるからだ。

第7章

なぜ私たちは動物と話す必要があるのか

コウモリは愛する者のために歌う。その歌の構造は、人間の文章の構造と同じぐらい複雑だ。オウムは人間の言葉で、数学の問題について人間と話ができる。イヌは人間の言葉の文法を理解し、においのパターンでコミュニケーションをとる。においのパターンには独自の文法パターンがあるのだ。ハチはダンスを通じて空間的座標を伝える。イルカは名前を持っている。プレーリードッグは来訪者を詳しく説明する。イヌと飼い主の人間は目を合わせたときにオキシトシンを分泌する。オオカミは遊んでいるときにその遊びについてコミュニケーションをとる。ウマは人間の体の動きの意味を読み取ることができる。タコやイカなど頭足類は皮膚に浮かぶ色のパターンで他者にさまざまな情報を伝えられる。これらの表現やそのほかの言語表現でも、動物は自分たちのあいだでも私たちにも、自分たちの感じたことや欲することについての情報を与えて、自分の周囲の状況についても表現する。動物は他者と連絡をとり、質問をしたり答えを与えたりする。人間の言語は、複雑で多用途な点では優れているが、ほかの動物でも同じことがいえる。

動物の言語については最終的な結論に至ることや、動物の言語の十分な定義を決めることは、時期尚早である。なにしろこれをテーマとする科学的研究はまだ始まったばかりだし、人間だけで最終的な結論を決して出すべきではないからだ。政治的観点からは、他者にとって意味のあるコミュニケーションをなすものを、私たちが決めることには問題がある。人間が定義した

「言語」の枠に、ほかの動物のコミュニケーション形態がはまるかどうかを決めるべきではない。その代わりに、動物が語っていることに注意を払い、そこから言語とは何か、どんな可能性があるかを探り始めるべきだ。これはたんに耳を傾けることではない。共通の問題について、ほかの動物と意見を交換する新たな方法を見つけるべく、最善を尽くす必要もあるということだ。本章では、動物と新たな関係を築く際に言語が担う役割を考えていく。裏づけとして、倫理学と政治哲学の文献で、動物の役割と位置づけに関して書かれたものを紹介しよう。

政治的動物

人間だけが政治的主体であるという見方には、長い歴史がある。アリストテレスは著作『政治学』第一巻で、人間は政治的動物であり、言語能力に恵まれた唯一の動物であると定義した。言語能力とは、もっと具体的には正邪を区別する能力だという。社会的コミュニティの一部をなすには、この能力が必要であり、人間だけに与えられた特性であると考えて、人間とほかの動物のあいだに線を引いた。この線は、政治的な者を囲んで引かれた境界として働く。人間だけが政治的動物でありうるというわけだ。この人間だけが政治的主体であるという考えは、現在もなお、哲学の中だけではなく政治的実践においても広く受け入れられている。

近年ではこの前提に対しては、動物が言語を持たないという考えに対してと同様に、さまざまな分野で異議が申し立てられている。政治哲学では、人間の政治コミュニティに対して、動物は違う関係に立つ政治的主体として考えられるべきということが提唱されてきた。[1] ポスト構造主義やポストヒューマニズム[2]といった思想の潮流は、人間例外主義に疑義を唱えている。動物研究の各分野でも同様の疑義が生じている。[3] 動物地理学では、人間の政治コミュニティに動物がすでに与えているさまざまな影響についても、明らかにしている。[4]

人間は、動物と政治のこととなると、ほかの動物には投票できないというジョークをいいがちだ。ところが、動物の群れの決断についての研究によって、動物の社会では動物は投票が可能で、実際に投票を行うことが示されている。ドイツの哲学者ユルゲン・ハーバーマスが熟議と呼んだものの動物版と考えられるプロセスが、ハチのコミュニティで観察できる。ハチの各個体が集まって選択肢について議論して、みんなで最善のものを選択するのだ。[5] アカシカは、おとなのシカの約六二パーセント以上が立ち上がれば、移動を始める。[6] アフリカスイギュウでは、立ち上がるタイミングと向かう場所について、意思決定を群れで行う。メスが立ち上がり特定の方向を見て、それからまた寝そべることで、群れのこれからのことを決める。群れの中でほかにも希望があれば、群れがもっと小さないくつかの群れに分かれることもある。かつて研究者はスイギュウがただ脚を伸ばすために立ち上がると考えていたが、実際は意思決定なのだ。[7]

ハトの群れには、緩い階層がある。階層のトップはときによって変わり、鳥たちが飛ぶ際にトップが決まる。[8] ゴキブリは、ハチやアリよりも低いレベルの形態で意思決定をしているようだが、理屈なしに無秩序に動いているというわけではない。五〇匹のゴキブリで三か所の隠れ場所を使った実験では、群れが二つに分かれて、三か所のうちの二か所に集まった。隠れ場所をもっと広い場所にすると、全部のゴキブリが一か所に集まった。このことは、ゴキブリが協力と競争の適切なバランスを探していることを示す。[9] ヒヒでは、優位のオスとメスが決断を下すが、ほかのヒヒたちもそうした決断に影響を与える。すべての動きがものをいう。[10]

すでに述べたように、苦痛や恐怖、愛情といった概念は、何もないところでは生じない。ほかの動物の行動や存在に影響される。このことが、政治的コミュニティといわゆる政治活動にもあてはまると主張する思想家もいる。私たちはたいてい、政治は動物にはわからないもの、彼らの理解を超えるものだと思っているし、人間としての私たちだけが、社会構造に責任持つと考えがちでもある。だが第3章で示したとおり、歴史家のジェイソン・ハリバルの研究によれば、動物の抵抗は人間の活動や社会構造に影響を与えている。動物と政治について考えるとき、政治は町議会や国会だけで行われるものではないことに、留意するのが重要だ。多種多様な政治的と考えられる反対活動は人間にもほかの動物にも存在し、それは政治的な意思決定の公的形態に影響を与えている。

とはいえ、動物との新たな政治的関係の構築について考える際に、人間の政治理念が私たちを導く可能性もある。政治哲学者のスー・ドナルドソンとウィル・キムリッカは、人間以外の動物のさまざまなグループを、政治的コミュニティとして見るべきだと主張する。[11] 権利と義務を決める際に、こうした動物のコミュニティが人間の政治的コミュニティにどうかかわるかを検討するべきだという。そして、人間以外の動物を以下の三グループに分けるよう提案する。まず野生動物グループは、人間とはできるだけ離れていることを好む動物で構成され、主権を有する自治コミュニティとする。家畜動物グループは、伴侶動物や飼い慣らされた動物によるもので、市民権を認められるものとする。「居住民」グループは、人間のあいだで生活しているが家畜化されていない動物たちのグループで、居住権を持つものとするが、市民権のすべてを持つわけではない。

これらの権利の具体的内容を決める際には文脈と動物の仲介者が重要になる。ドナルドソンとキムリッカは、家畜化された動物には私たちのコミュニティの一部としての権利があると書いている。なぜなら人間が彼らを捕まえて、計画的に交配させることによって、人間に依存するように彼らの体を改造するなど、歴史的に彼らを不当に扱ってきたからだ。彼らは今、共有の種間コミュニティの一部であり、これが彼らの家庭であり、彼らを追い出すことは不当だろう。これらの動物は、共有の「人間・動物コミュニティ」の一部であってもよい。なぜなら、彼らは、共存を可能にする特定の特徴を持っているからだ――このことはたとえば、先述したように共有の言語ゲームで見いだせる。家畜化された動物の権利には、健康管理や住まい、政治表現といった権利が含まれるだろう。これと対照的に位置づけされるのが野生動物だ。彼らは通常は人間との接触を避け、自分の面倒は自分で見ることができる。介入はつねに避けるべきということではない。私たちはたとえ違うコミュニティに属している他者であっても、助ける義務を負うこともあるし、また、私たちの行為が彼らの生活環境に影響することも考慮に入れなければならない。境界動物は、都会や田舎で、人間たちのあいだに棲んでいる。通常は人間との接触を避けるが、彼らにも権利がある。たとえば、定住する場所があり、差別されない権利だ。

この政治理論の根源は、動物の権利の哲学にある。これは倫理学の一分野で、ほかの動物は彼ら自身にとって重要な生活を営む対象と見なされる。長いあいだ、動物の権利について考えるときには「ネガティブな権利」に、つまり個々の動物に起こるべきではないことを定める権利に重点が置かれていた。たとえば、殺されるべきではないとか、捕まえられるべきではないとか、他者の利益のために使われるべきではないといった権利だ。[12] ドナルドソンとキムリッカの指摘によると、これらの権利が動物――人間と人間以外の動物――にとって非常に重要であり、社会におけるその地位を変えるために必要だが、それでは不十分だという。価値ある生活を送れるようにするためには、殺されないことや捕まえられないことだけでは不十分だ。どこかに住むことができ、他者と関係を結ぶ機会があり、ほかのいくつもの方法で技術や才能を伸ばすことができることも必要だ[13]。人間とほかの動物はすでにさまざまな方法でともに暮らしている。コミュニティを作っている場合もあれば、縄張りを共有している場合もある。そして、私たちは一つの惑星を共有している。かかわり合いを避けることはできないし、避ける必要もない。よりよいかかわり合いをすることが可能だからだ。ほかの動物を公正に扱うことについて考えるためには、人間の政治的コミュニティがどのようにお互いを関係づけるのか、その場合に私たちは何を公正だと考えるかを検討すると役に立つだろう。

政治的な相互作用における言語の役割

政治的な相互作用においては、公的な状況（議会など）でも、多くのほかの活動（デモから政治キャンペーンまでの資料やウェブサイトなど）でも、言語が重要な役割を果たす。民主主義の特徴の一つは、そこで生活している者は、そこにあるシステムに参加できるだけでなく、そのシステムを決定する際にも発言権を持つことだ。投票するという消極的権利があるだけでなく、自分たちが選挙に出馬することや、新しい法律や規制を提案することもできる。私たちとともに生活する動物——イヌ、ネコ、ウサギ、モルモット、ウシ、ウマ、ロバ、ヤギ、ヒツジ、ニワトリなど——は、よい生活についての彼ら独自の考えと、人間とコミュニケーションをとるための彼ら独自の方法を持っている。よくいわれるのは、人間は動物の利益を考慮に入れることができるが、動物自身は法律などを決めたり考えたりする手助けはできないだろう、という考えだ。現在の制度では、動物が選挙に立候補することや議会で有意義な議論をすることはできないが、だからといって、参加が不可能というわけではないし、ましてや参加が望ましくないという意味ではまったくない。

多くの法規制は、動物の生活に影響を与えるが、彼らは相談を受けてもいない。理由は彼らが話せないせいにされる場合が多い。それが間違いにすぎないことは、私たちが動物の言語と主観性について多くのことを学ぶにつれ、明らかになってきた。私たちはもう彼らを無視すべきではないのだ。ここで問われていることを理解するには、差別を廃し平等を求めた公民権運動から得られる洞察も役に立つだろう。人間はほかの有力なグループと同様に、社会における自分の位置づけを考え直す必要がある。このことは動物にとって重要なだけではない。環境問題や気候問題は人間に対して、自分のライフスタイルが将来の世代にもたらすものを示し、警告を与えてきた。

動物との政治的コミュニケーションはもう始まっている——境界争いで、家庭の中で、都市において、国家でも。コミュニケーションの改善には、それぞれの種に特有な言語を考慮に入れなければならない。そこに入ってほしくないのだが、とガチョウに人間の言葉で話しかけてもほとんど意味はないが、だからといってコミュニケーションが不可能なわけではない。彼らの言葉に基づいてコミュニケーションをとり、異種間言語ゲームをともにして、彼らにものごとを説明することができる。好奇心の強い動物は協力して、新たな形態の言語を使えるようになるだろう。これは前述したように、ローレンツがガンの研究をガンとともにしたのと同様だ。

そのため、私たちは理解したことを政治的コミュニケーションによって、また政治学によって、再定義することが必要になる。さまざまな政治哲学者は、政治での言語用法のイメージを批判して、ただ理屈がとおっているだけで屁理屈のようなものとし、自分を表現できる者だけが真剣に受け止められる（なぜならほかの声は聞こえないからだ）という現状が問題であることに私たちの関心を引きつけている。そしてたとえば、儀式、ボディランゲージ、挨拶の重要性と、感情、物語、レトリックの役割を指摘している。[14] そのうえ、人間のコミュニティはさまざまなやり方で政治的に体現されており、政治行動の圧倒的なイメージは、政治でかつてまともに扱われなかったグループからきた人々をそもそも排除しているという。[15] たとえば、女性が議会で声をあげると感情的と表現されることが多いが、男性は強くて情熱的に見られるといったことだ。

ではいったいどんな形態で、動物との政治的コミュニケーションがとれるのだろうか？ もちろん、これは人間にだけでなく、対象の動物によってまったく違う。個々の動物、種、コミュニティが、それ自身を表現するには、途方もなくさまざまな方法がある。数行の文章では――一冊の本によってさえ、記録しきれない。[16] この分野での実験には、動物とともに暮らすことを調べる新たな研究が利用できる。研究を成功させるには、動物が意味のあるコミュニケーションを確実にとれるようにして、未来についてつねに心を開いておくことが重要だ。これに関連して、新しい関係がどのように形成できるかを探るために、私たちには人間とほかの動物がすでに政治的にコミュニケーションをとっている事例を検討することができる。そうすれば、ほかの動物とその行動が違うものとして見え始める。

野生動物との政治的コミュニケーション――シンガポールのマカク

シンガポールのブキティマの自然保護区で、マカクの個体群が脅かされている。[17] この地域に居住するようになった人々は、住宅のある「緑の回廊」〔訳注：生態系を保護するために、人間の生活圏で分断された野生動物の生息地を結んで動物の移動を確保した地帯〕から、マカクを締め出している。住民は自分たちが住居を構える前からこのサルが棲んでいたことを知っていて、自然に近いところで暮らすためにここを選んだと実際にいっている。そしてサルたちに餌やりもした。その結果、サルたちは非常に大胆になって人間に近づきすぎるようになり、食糧を盗んだり大きな音をたてたり問題を起こすようになった。人間はたびたび彼らに遭遇し、それが迷惑や恐怖になった。だが、サルに対する人間の考え方は否定的なものばかりではなく、多くの人々はサルをかわいいと感じ、単純に殺せばいいわけではないとも考えた。衝突が起こると、公園管理者らは人間の住人の希望とマカクの保護の必要性を天秤にかけ、たいていはマカクにとって最悪の結果になった。マカクは迷惑だと判断されればいつも殺されたのだ。

衝突に対する解決策の一つは、人間がそこから出てゆくことだろう。結局、人間がその動物の縄張りを占領したのであって、その人たちはほかにも生きていける場所がある。だがもし、その人間たちがしばらくのあいだそこで暮らしてきたなら、子どもたちがそこで生まれたなら、あるいはその人たちがほかにいく場所がなければ、あるいは動物が人間の縄張りに入ってきているなら、状況は違うものとなり、共存する方法を見つけなければならない。動物地理学者のジュン＝ハン・イョオとハーヴェイ・ネオはこの状況を研究し、人間とマカクとのコミュニケーションのさまざまな形態をリストアップした。目を合わせる、距離をとる、互いのボディランゲージを読み取る、一方が他方に近づこうとする、といったことだ。マカクは人間が話すことに反応し、抑揚には敏感で、人間はマカクのたてた騒音に反応する。シンディと呼ばれる住人は、次のように述べた。「以前、サルが私の持っていたバッグをひったくろうとしたので叱ったことがある。サルは私の反応を理解したようだった。私が声を張り上げたり、サルを指さしたりしたからね。それで、サルは手を引っ込めた」[18]。この相互作用の形態をじっくり検討して、マカクの言葉について学ぶことと、挨拶から始めるという政治的な儀式を取り入れたことの両方によって、モデルを作り出すことができた。このモデルでは、サルと人間の全員に発言権があり、それゆえ互いにもっと近づくか、もっとはっきりとした境界線を決めることになっている。マカクはここですでに政治的作用を直接発揮しており、序列づけや土地の所有権、人間とのコミュニケーションを問題として取り上げている。イヨオとネオが提示した解決策は、おもに人間側で知識を増やすことだ。たとえば、「餌をやると動物が人間を襲うことがあります」と書かれた警告の看板を立てることなどだ。こうしたアプローチに加えて、相手のコミュニケーション形態を相互学習することが役に立つだろう。

イヌとの政治的コミュニケーション

ロサンゼルスではイヌと人間が協力して、ローレルキャニオン・ドッグパークを安全な場所にした[19]。この公園は荒れ果てて、犯罪が問題になっていたが、飼い主のグループが公園を再生しようと立ち上がったのだ。彼らは、自分たちの飼いイヌを法に反して公園内に放って自由にさせた。その結果、迷惑だった犯罪者たちが入ってこなくなった。公園が安全になっていき、ほかの地元住民たちも再び公園を使うようになってきた。すると戻ってきた住民たちは、リードをつけていないイヌがいることを嫌がった。だが、再生の実行グループの住民は、公園をリード不要のエリアとして残すことに成功した。この事例では、言語的相互作用があらゆるレベルで行われた。リノベーショングループと迷惑な犯罪者との相互作用、イヌと迷惑な犯罪者との相互作用、イヌと公園を使用するほかの地元住民との相互作用、そしてイヌどうしでの相互作用だ。イヌと飼い主の人間は、公園が集まる場所として機能できるようにし、現在でも対話はつねに行われている。イヌ自身がアイデアを思いついたわけではないが、これが成功するには彼らが必要だったし、彼らが相互作用の形態に影響を与えた。公園は、今では人間と動物がいきたい場所であり、さまざまなグループが公園の維持管理を引き受けている。

イヌは、人間がかかわっていなくても政治的に行動することができる。モスクワには郊外に棲んでいる野良犬の小さな群れがあり、そのイヌたちは食べるために定期的に地下鉄に乗ってモスクワ中心地にやってくる。生物学者のアンドレイ・ポヤルコフはそうした野良犬たちを三〇年間にわたって研究してきて、電車に乗ってくる彼らを「知的エリート」と呼ぶ[20]。これらのイヌは、道路を横断できるタイミングも知っているし、信号機も理解していて、どの人間に食べものを要求すればいいかもわかっていて――彼らは特に人間のボディランゲージを読み取るのが得意で、人々のファッションも考慮して――ほとんどは四〇歳を超えた女性に声をかける。通勤客も旅行者も地下鉄にイヌがいることに理解を示す。イヌはモスクワのメトロで移動することは公式には許可されていないが、通勤客はときどき野良犬を入れてやるし、混雑時に改札をイヌが通れるように開けてやる姿は、もっとよく見かける。野良犬たちは行動によって、メトロは人間のためのものという事実に疑問を投げかけ、また、地下鉄で移動する権利を利用している。それは、おそらく人間のような意図的なものではないが、身体的存在によってそうしているのだ。彼らの行動も、現在のステレオタイプの野良犬というものに影響を与える。実際、彼らは賢くて熟練している。[21] そうしたイヌは行儀もよく、シートの上か下側で静かに座っている。

ときどきモスクワ市議会が、野良犬を市内から追い出す計画を立てる。つまり彼らを殺処分するということだ。すると、動物の権利の活動家や、そうしたイヌの世話をする人々など、さまざまなグループが声をあげて動物を守る。この過程でメトロのイヌは、その存在ゆえに、また人々が写真をインターネットでシェアしたために役割を担い始めて、イヌという種の「大使」になっている。[22] そして、野良犬をメトロに乗せなかったり市内から追い出したりするのは不可能なことを、特に人間のスペースを占領することで示している。彼らは行儀よく振る舞うことで、自分たちを追い出す必要がないことも示している。メトロのイヌの写真が初めてインターネット上に現れた数年後の二〇〇一年には、通りにいるイヌに向けて発砲することは違法になった。

動物とともに考える

哲学では、動物について多くのことを考えるが、動物とともに考えることはあまりない。動物とともに考えるというと、夢物語かスピリチュアルな何かのように思われるかもしれないが、必ずしもそうではない。他者の考えを理解することや、自分の考えを他者に示す方法を見いだすことは、言語によって可能になる。ハイデッガーが書いたように、言語は私たちの周りの世界についての洞察を与え、私たちの周りの世界を形作る。動物とともに考えて話し合うことにも、これらの二つの側面がある。ともに考えて話し合うことで、人間は彼らについて学んでよく理解するようになり、新たな関係性を築く足がかりが得られるということだ。哲学における対話は、真理を探求するために長いあいだ多くの試練に耐えてきた手段だ。かなり以前から、多くの哲学者は一つの普遍的真理があるとはもう思わなくなっている。それでも、主張をし合うにはよいやり方とまずいやり方がある。お互いに対話を始めること、相手の説得を試みること、必要なら自分の姿勢を正して整えること、これらの手段によれば、よりよい判断ができて、世界をより深く知り、世界の中の自分の位置づけをもっとよく理解することが可能になるだろう。これは、私たちがやがて真理あるいは究極の知に完全に至るという意味ではない——結局のところ私たちはこの世界におけるある身体、ある歴史、ある地点に置かれて結びつけられている。

ほかの動物たちの望むものを明らかにするには、彼らを研究するだけでは不十分だ。彼らと話し合わなければならない。動物と会話をするには人間とほかの動物との序列づけに異議を申し立てることが必要だが、この変化は対話によって起こりうる。そのときに、人間が動物を見る目が変わり始めるのだ。動物と話し合うには、言語についての新しい考え方も必要になる。言語はこれまでに考えられていたよりも広くて豊かであることや、自分を意味のあるように表現するには人間の言葉だけを使用する以外にもたくさんの方法があることを、動物たちが示してくれる。私たちはこれらの表現形態を劣ったものとして退けるべきではない。逆に、これらの表現形態から、ほかの動物のことや彼らの内面生活についてや、意味をもたらすさまざまな方法についてを学び取ることができる。動物の言語が言語として存在するために、動物は何も新しいことを学ぶ必要はない。人間が、彼らを違った目で見るようにするだけでよい。彼らはずっと話をしているのだから。

謝辞

本書の最初の原稿を読んで、コメントをくださったヨランド・ヤンセンとミリアン・レーダースにお礼を申し上げます。ヘリット・マイヤーが、長年、動物研究に関する新聞記事を切り抜いてくれたことに感謝いたします。ルス・シェペンハウセンが、子どもだった私の動物に対する愛情を支えてくれたことにお礼を申し上げます。プチー、オリ、ピカ、ジョイ、ドティエ、プンキー、キティ、ロニャ、デスティニ、プメリ、ウィティI&II、ホンジエ、ラッカー、ピノ、ルナ、ミッキー、ムス、ポル、サージェ、イエズス&アーモス、ボボ、ノシャ、そのほかのみんなが、自分たちのいいたいことを辛抱強く私に教えてくれて、私の友人でいてくれたことに、何にもまして大きな感謝をしています。

訳者あとがき

動物が言葉を使うといえば、非科学的な印象を受けるかもしれません。動物を擬人化しているのかとか、動物の映像に動物自身が喋っているかのようなセリフをあてる娯楽番組のようなものか、と。けれども、本書はそれらの対極にあるものです。

私たち人間は言葉で物事を考えることによって、複雑な人間関係やコミュニティを築いて、生活を営んでいます。これほど複雑で有用な言葉を使いこなすため、私たちは人間が飛びぬけて優れた特別な動物だと思い込んでいます。哲学は言葉を用いた思考により物事の本質を理解しようとする学問ですが、長い歴史のある西洋哲学も、人間のために人間について考えるものであり、動物は含まれないことに著者は驚いたといいます。幼いころからウマやイヌと親しく暮らしてきたため、動物が思考しないとは考えもしなかったのです。

実際、サルの仲間が人間のように考えたり社会を構築したりすることを全否定する人は今ではいないでしょう。本書では、鳥の鳴き声に文法構造が存在し（たとえばアメリカコガラは鳴き声の要素を組み合わせて、捕食者の種類や大きさ、向かってくる方向、距離、スピードなどを仲間に伝えるそう）、コウモリが超高周波音で交流し、イヌは膨大な情報を含んだにおいで複雑なやり取りをするなど、人間の言葉と同じ機能を持つ動物の「言葉」の事例がたくさん示されます。その多くは人間の言葉よりもはるかに複雑で、彼らにとって有用な情報が彼ら固有の方法で伝達されます。また、政治といえば、人間が社会秩序を作って他者とともに運営するものを指しますが、人間以外の動物でも、動物自身を主体とした政治的な営みが、（人間が気づいていないだけで）実際に行われているという動物研究も、本書に紹介されています。

人間はほかの動物たちと地球を共有し、影響を与え合っているので、互いを無視して生きていくことはできません。「動物を保護する」というとき、動物を人間より低い序列と見なしていますが、考え方をさらに進めて、序列を廃して彼らと対等になり、彼らの考えを知り価値基準を尊重し、互いに協力して生きるべきであり、それには人間の言葉ではなく、彼らの理解できる形で政治的な話し合いが必要だと著者はいいます。かつて女性や奴隷が、本物の人間ではなく劣った存在とされ、政治に参加できなかったのと同様に、今はまだ動物が差別されているというのです。差別を排除して動物を理解するには、哲学者ウィトゲンシュタインの「言語ゲーム」が役に立つと著者はいいます。言語は一義的に決まるものではなく、ともにゲームをして刻々と移り変わる状況の中でやり取りするとき、そのダイナミックな文脈の中で、言語は互いに理解できる意味を持つというのです。このように哲学的な考え方を取り入れて動物の言葉が研究されれば、動物についての見方も、私たち自身についての見方も、よりよい方向に変わると著者は考えます。

本書のオリジナルはオランダ語で書かれたDierentalen（ISVW, 2016、『動物の言語』）で、欧州各国の言語のほか、アラビア語、トルコ語、中国語、台湾語など非常に多くの言葉に訳され、多数の人々に読まれています。本書は英語版のAnimal Languages: The secret conversations of the living world（Laura Watkinson訳、John Murray, November 14, 2019）の全訳です。著者のエヴァ・メイヤーは一九八〇年にオランダで生まれ、アーチストで作家、シンガーソングライターとしても活動し、動物哲学で博士号を得て大学で教鞭もとっています。一一歳のときに動物を食べる必要がないことに気づいて肉類を食べるのを止め、現在では卵や乳製品もとらないヴィーガンであるとのこと。愛犬のオリィも肉はあまり食べず、カボチャが大好きということです。

本書が動物についての新しい見方のヒントになりますように。本書の翻訳の機会をくださった柏書房の二宮恵一さんにお礼を申し上げます。翻訳中に励ましてくれた家族に感謝します。

二〇二〇年三月

安部恵子

Species Membership, Harvard University Press, 2009.［邦訳：『正義のフロンティア――障碍者・外国人・動物という境界を越えて』神島裕子訳、法政大学出版局］

14 Young, Iris Marion. Inclusion and Democracy, Oxford University Press, 2002.

15 Young, Iris Marion. Justice and the Politics of Difference, University Press of Princeton, 1990.

16 これについて、私はWhen Animals Speak: Toward an Interspecies Democracy, New York University Press, 2019に詳しく書いた。

17 Yeo, Jun-Han and Neo, Harvey. 'Monkey business: human–animal conflicts in urban Singapore', *Social & Cultural Geography* 11.7, 2010, pp. 681–99.

18 同上、p. 14.

19 Wolch, Jennifer R. and Rowe, Stacy. 'Companions in the park', *Landscape* 31.3, 1992, pp. 16–23.

20 Holden, Steve. 'Live and learn', Teacher, 2010, http://works.bepress.com/steve_holden/37/.［2020年1月にアクセス］

21 Lemon, Alaina. 'MetroDogs: the heart in the machine', *Journal of the Royal Anthropological Institute* 21.3, 2015, pp. 660–79.

22 同上。

cial Justice Research 25.2, 2012, pp. 170–94.
49 Chijiiwa, Hitomi *et al*. 'Dogs avoid people who behave negatively to their owner: third-party affective evaluation', *Animal Behaviour* 106, 2015, pp. 123–7.

第7章 なぜ私たちは動物と話す必要があるのか

1 Donaldson, Sue and Kymlicka, Will. Zoopolis: A Political Theory of Animal Rights, Oxford University Press, 2011. [邦訳：『人と動物の政治共同体――「動物の権利」の政治理論』青木人志ほか訳、尚学社]
2 Derrida, Jacques and Mallet, Marie-Louise. The Animal That Therefore I Am, Fordham University Press, 2008. [邦訳：『動物を追う、ゆえに私は〈動物で〉ある』鵜飼哲訳、筑摩書房]
3 Wolfe, Cary. Animal Rites: American Culture, the Discourse of Species, and Posthumanist Theory, University of Chicago Press, 2003.
4 Hobson, Kersty. 'Political animals? On animals as subjects in an enlarged political geography', *Political Geography* 26.3, 2007, pp. 250–67.
5 Seeley, Thomas D. Honeybee Democracy, Princeton University Press, 2010. [邦訳：『ミツバチの会議――なぜ常に最良の意思決定ができるのか』片岡夏実訳、築地書館]
6 Conradt, Larissa and Roper, Timothy J. 'Group decision-making in animals', *Nature* 421.6919, 2003, pp. 155–8.
7 同上。
8 Bellaachia, Abdelghani and Bari, Anasse. 'Flock by leader: a novel machine learning biologically inspired clustering algorithm' in Advances in Swarm Intelligence, Springer, 2012, pp. 117–26.
9 Amé, Jean-Marc *et al*. 'Collegial decision making based on social amplification leads to optimal group formation', *Proceedings of the National Academy of Sciences* 103.15, 2006, pp. 5835–40.
10 Stueckle, Sabine and Zinner, Dietmar. 'To follow or not to follow: decision making and leadership during the morning departure in chacma baboons', *Animal Behaviour* 75.6, 2008, pp. 1995–2004.
11 Donaldson, Sue and Kymlicka, Will. Zoopolis, *op. cit.* [邦訳：『人と動物の政治共同体』]
12 Regan, Tom. The Case for Animal Rights, Springer Netherlands, 1987.
13 Nussbaum, Martha C. Frontiers of Justice: Disability, Nationality,

38 Bradshaw, G. A. Elephant Trauma and Recovery: From Human Violence to Liberation Ecopsychology, ProQuest, 2005.

39 キリンが音を出そうとして空気を長い首の上まで押し出すにはあまりにも大きなエネルギーが必要になるので、キリンは音声をまったく発しないとばかり思われていたが、夜中に鼻歌を歌うことが、最近、研究者らによって発見された。Baotic, Anton, Sicks, Florian and Stoeger, Angela S. 'Nocturnal "humming" vocalizations: adding a piece to the puzzle of giraffe vocal communication', *BMC Research Notes* 8.425, 2015, https://doi.org/10.1186/s13104-015-1394-3［2020年1月にアクセス］を参照のこと。

40 動物が死んだ仲間を悼むことに関するそのほかの記事や情報については、King, Barbara J., How Animals Grieve, University of Chicago Press, 2013を参照のこと。

41 たとえば、Willett, Cynthia, 'Water and wing give wonder: trans-species cosmopolitanism', *PhaenEx* 8.2, 2013, pp. 185–208, および Schaefer, Donovan O., 'Do animals have religion? Interdisciplinary perspectives on religion and embodiment', *Anthrozoös* 25, sup1, 2012, https://doi.org/10.2752/175303712X13353430377291［2020年1月にアクセス］を参照のこと。.

42 Smuts, Barbara. 'Encounters with animal minds', *Journal of Consciousness Studies* 8.5–7, 2001, pp. 293–309.

43 Goodall, Jane. 'Primate spirituality' in Taylor, Bron（ed.）, Encyclopedia of Religion and Nature, Continuum, 2005, pp. 1303–6.

44 http://www.onbeing.org/programs/katy-payne-in-the-presence-of-elephants-and-whales［2020年1月にアクセス］

45 Darwin, Charles. The Descent of Man, and Selection in Relation to Sex, John Murray, 1871.［邦訳：『人間の由来』長谷川眞理子訳、講談社］

46 Marino, Lori. 'Brain structure and intelligence in cetaceans' in Brakes, Philippa, and Simmonds, Mark Peter（eds）, Whales and Dolphins: Cognition, Culture, Conservation and Human Perceptions, Routledge, 2011, pp. 115–28.

47 Proctor, Darby *et al*. 'Chimpanzees play the ultimatum game', *Proceedings of the National Academy of Sciences* 110.6, 2013, pp. 2070–5.

48 Range, Friederike, Leitner, Karin and Virányi, Zsófia. 'The influence of the relationship and motivation on inequity aversion in dogs', *So-*

com/doi/abs/10.1002/scin.5591781207. [2020年1月にアクセス]

25 Warneken, Felix *et al*. 'Spontaneous altruism by chimpanzees and young children', *PLoS Biol* 5.7, 2007, https://doi.org/10.1371/journal.pbio.0050184. [2020年1月にアクセス]

26 Warneken, Felix and Tomasello, Michael. 'Varieties of altruism in children and chimpanzees', *Trends in Cognitive Sciences* 13.9, 2009, pp. 397–402.

27 Bartal, Inbal Ben-Ami *et al*. 'Pro-social behavior in rats is modulated by social experience', *eLife* 3, 2014, https://doi.org/10.7554/eLife.01385. [2020年1月にアクセス]

28 Grinnell, Jon, Packer, Craig and Pusey, Anne E. 'Cooperation in male lions: kinship, reciprocity or mutualism?', *Animal Behaviour* 49.1, 1995, pp. 95–105.

29 DeAngelo, M. J., Kish, V. M. and Kolmes, S. A. 'Altruism, selfishness, and heterocytosis in cellular slime molds', *Ethology Ecology & Evolution* 2.4, 1990, pp. 439–43.

30 Broly, Pierre and Deneubourg, Jean-Louis. 'Behavioural contagion explains group cohesion in a social crustacean', *PLoS Comput Biol* 11.6, 2015, https://doi.org/10.1371/journal.pcbi.1004290. [2020年1月にアクセス]

31 Bekoff, Marc and Goodall, Jane. The Emotional Lives of Animals: A Leading Scientist Explores Animal Joy, Sorrow, and Empathy – and Why They Matter, New World Library, 2008. [邦訳：『動物たちの心の科学——仲間に尽くすイヌ、喪に服すゾウ、フェアプレイ精神を貫くコヨーテ』高橋洋訳、青土社]

32 Kumlien, Ludwig. 'Reason or Instinct?', *Auk* 5.4, 1888, pp. 434–5. Kumlienは、鳥類が互いに助け合う多くの事例について考察している。

33 議論については、Bekoff, Marc and Pierce, Jessica, Wild Justice, *op. cit.* を参照のこと。

34 同上。

35 Bekoff, Marc. Minding Animals: Awareness, Emotions, and Heart, Oxford University Press, 2002.

36 Bateson, Melissa *et al*. 'Agitated honeybees exhibit pessimistic cognitive biases', *Current Biology* 21.12, 2011, pp. 1070–3.

37 Dao, James. 'After duty, dogs suffer like soldiers', New York Times, 1 December 2011.

tion of emotions and the possibility of empathy in animals' in Post, Stephen G., Underwood, Lynn G., Schloss, Jeffrey P. and Hurlbut, William B.（eds）, Altruism and Altruistic Love, Oxford University Press, 2002, pp. 284–308.

13 Bekoff, Marc. 'Animal emotions, wild justice and why they matter: grieving magpies, a pissy baboon, and empathic elephants', *Emotion, Space and Society* 2.2, 2009, pp. 82–5.

14 同上。

15 同上。

16 Plotnik, Joshua M. and Waal, Frans B. M. de. 'Asian elephants（Elephas maximus）reassure others in distress', PeerJ 2, 2014, https://doi.org/10.7717/peerj.278.［2020年1月にアクセス］

17 Peterson, Dale The Moral Lives of Animals, Bloomsbury Publishing USA, 2012.

18 Park, Kyum J. *et al*. 'An unusual case of care-giving behavior in wild long-beaked common dolphins（Delphinus capensis）in the East Sea', Marine Mammal *Science* 29.4, 2013, https://doi.org/10.1111/mms.12012.［2020年1月にアクセス］

19 この分野については科学的研究がなされていないが、インターネット上で、たとえば、http://www.dolphins-world.com/dolphins-rescuing-humans/ といった記事が見られる。

20 Bekoff, Marc and Pierce, Jessica, Wild Justice, *op. cit.*, および、Donaldson, Sue and Kymlicka, Will, Zoopolis: A Political Theory of Animal Rights, Oxford University Press, 2011［邦訳：『人と動物の政治共同体――「動物の権利」の政治理論』青木人志ほか訳、尚学社］を参照のこと。

21 Bekoff, Marc and Pierce, Jessica, Wild Justice, *op. cit.* を参照のこと。

22 Bshary, Redouan *et al*. 'Interspecific communicative and coordinated hunting between groupers and giant moray eels in the Red Sea', *PLoS Biol* 4.12, 2006, https://doi.org/10.1371/journal.pbio.0040431.［2020年1月にアクセス］

23 Hart, Lynette A. and Hart, Benjamin L. 'Autogrooming and Social Grooming in Impala', *Annals of the New York Academy of Sciences* 525.1, 1988, pp. 399–402.

24 Milius, Susan. 'Will groom Mom for baby cuddles', Wiley Online Library Science News, 24 November 2010, https://onlinelibrary.wiley.

Scientific American 253.6, 1985, pp. 47–54.
32 Gibson, Gabriella and Russell, Ian. ‘Flying in tune: sexual recognition in mosquitoes’, *Current Biology* 16.13, 2006, pp. 1311–16.
33 Kajiura, Stephen M. and Holland, Kim N. ‘Electroreception in juvenile scalloped hammerhead and sandbar sharks’, *Journal of Experimental Biology* 205.23, 2002, pp. 3609–21.
34 Wittgenstein, Ludwig. Lectures and Conversations on Aesthetics, Psychology, and Religious Belief, transl. Barrett, Cyril, University of California Press, 2007. ［邦訳：『ウィトゲンシュタイン全集 10 講義集』藤本隆志訳、大修館書店］

第6章　メタコミュニケーション

1 Bekoff, Marc. ‘Social play in coyotes, wolves, and dogs’, *Bioscience* 24.4, 1974, pp. 225–30.
2 Bauer, Erika B. and Smuts, Barbara B. ‘Cooperation and competition during dyadic play in domestic dogs, Canis familiaris’, *Animal Behaviour* 73.3, 2007, pp. 489–99.
3 Burghardt, Gordon M. The Genesis of Animal Play: Testing the Limits, MIT Press, 2005.
4 Massumi, Brian. What Animals Teach Us about Politics, Duke University Press, 2014.
5 Darwin, Charles. The Formation of Vegetable Mould, through the Action of Worms, with Observations on their Habits, John Murray, 1892. ［邦訳：『ミミズと土』渡辺弘之訳、平凡社］
6 Bekoff, Marc and Pierce, Jessica. Wild Justice: The Moral Lives of Animals, University of Chicago Press, 2009.
7 議論については、Donaldson, Sue and Kymlicka, Will, ‘Unruly beasts: animal citizens and the threat of tyranny’, *Canadian Journal of Political Science* 47.01, 2014, pp. 23–45を参照のこと。
8 同上。
9 Krause, Sharon R., ‘Bodies in action: Corporeal agency and democratic politics’, *Political Theory* 39.3, 2011, pp. 299–324も参照のこと。
10 これについての議論とそのほかの事例については、Bekoff, Marc and Pierce, Jessica, Wild Justice, *op. cit.* を参照のこと。
11 同上。
12 Preston, Stephanie D. and Waal, Frans B. M. de. ‘The communica-

Behavior of Whales 10, 1987, pp. 9–57.
19 Stafford, Kathleen M. *et al*. 'Spitsbergen's endangered bowhead whales sing through the polar night', *Endangered Species Research* 18.2, 2012, pp. 95–103.
20 Trainer, Jill M. 'Cultural evolution in song dialects of yellow-rumped caciques in Panama', *Ethology* 80.1–4, 1989, pp. 190–204.
21 Payne, Robert B. 'Behavioral continuity and change in local song populations of village indigobirds Vidua chalybeate', *Zeitschrift für Tierpsychologie* 70.1, 1985, pp. 1–44.
22 Bohn, Kirsten M. *et al*. 'Versatility and stereotypy of free-tailed bat songs', *PLoS One* 4.8, 2009, https://doi.org/10.1371/journal.pone.0006746. [2020年1月にアクセス]
23 Arriaga, Gustavo, Zhou, Eric P. and Jarive, Erich D. 'Of mice, birds, and men: the mouse ultrasonic song system has some features similar to humans and song-learning birds', *PLoS One* 7.10, 2012, https://doi.org/10.1371/journal.pone.0046610. [2020年1月にアクセス]
24 Briggs, Jessica R. and Kalcounis-Rueppell, Matina C. 'Similar acoustic structure and behavioural context of vocalizations produced by male and female California mice in the wild', *Animal Behaviour* 82.6, 2011, pp. 1263–73.
25 Slobodchikoff, Con. Chasing Doctor Dolittle, *op. cit.*, p. 166.
26 Neunuebel, Joshua P. *et al*. 'Female mice ultrasonically interact with males during courtship displays', *eLife* 4, 2015, https://doi.org/10.7554/eLife.06203. [2020年1月にアクセス]
27 Haraway, Donna Jeanne. Primate Visions: Gender, Race, and Nature in the World of Modern Science, Psychology Press, 1989.
28 Cooley, John R. and Marshall, David C. 'Sexual signaling in periodical cicadas, Magicicada spp.（Hemiptera: Cicadidae）', *Behaviour* 138.7, 2001, pp. 827–55.
29 Spangler, Hayward G. 'Moth hearing, defense, and communication', *Annual Review of Entomology* 33.1, 1988, pp. 59–81.
30 Von Helversen, Dagmar and Von Helversen, Otto. 'Recognition of sex in the acoustic communication of the grasshopper Chorthippus biguttulus（Orthoptera, Acrididae）', *Journal of Comparative Physiology* A180.4, 1997, pp. 373–86.
31 Huber, Franz and Thorson, John. 'Cricket auditory communication',

目的にするものではなく、世界をよりよく理解するためのものだと考えている。

7 Gentner, Timothy Q. *et al*. 'Recursive syntactic pattern learning by songbirds', *Nature* 440.7088, 2006, pp. 1204–7.

8 Corballis, Michael C. 'Recursion, language, and starlings', *Cognitive Science* 31.4, 2007, pp. 697–704.

9 Slobodchikoff, Con, Chasing Doctor Dolittle, *op. cit.*, pp. 197–8, 225–6を参照のこと。

10 Hailman, Jack P. and Ficken, Millicent S. 'Combinatorial animal communication with computable syntax: chick-a-dee calling qualifies as "language" by structural linguistics', *Animal Behaviour* 34.6, 1986, pp. 1899–1901. また、Slobodchikoff, Con, Chasing Doctor Dolittle, *op. cit.* も参照のこと。

11 Freeberg, Todd M., and Lucas, Jeffrey R. 'Receivers respond differently to chick-a-dee calls varying in note composition in Carolina chickadees, Poecile carolinensis', *Animal Behaviour* 63.5, 2002, pp. 837–45.

12 Slobodchikoff, Con, Chasing Doctor Dolittle, *op. cit.*, pp. 162–3を参照のこと。

13 Seeley, Thomas D. Honeybee Democracy, Princeton University Press, 2010.［邦訳：『ミツバチの会議――なぜ常に最良の意思決定ができるのか』片岡夏実訳、築地書館］

14 Woo, Kevin L. and Rieucau, Guillaume. 'Aggressive signal design in the Jacky dragon（Amphibolurus muricatus）: display duration affects efficiency', *Ethology* 118.2, 2012, pp. 157–68.

15 De Sá, Fábio P. *et al*. 'A new species of hylodes（Anura, Hylodidae）and its secretive underwater breeding behavior', *Herpetologica* 71.1, 2015, pp. 58–71.

16 Mercado III, Eduardo and Handel, Stephan. 'Understanding the structure of humpback whale songs（L）', *Journal of the Acoustical Society of America* 132.5, 2012, pp. 2947–50.

17 Suzuki, Ryuji, Buck, John R. and Tyack, Peter L. 'Information entropy of humpback whale songs', *Journal of the Acoustical Society of America* 119.3, 2006, pp. 1849–66.

18 Payne, Katharine, Tyack, Peter and Payne, Roger. 'Progressive changes in the songs of humpback whales（Megaptera novaeangliae）: a detailed analysis of two seasons in Hawaii', *Communication and*

10 Heidegger, Martin. Zijn en tijd, transl. Wildschut, Mark, Uitgeverij Boom, 1998.［邦訳：『存在と時間』中山元訳、光文社、ほか］
11 Wittgenstein, Ludwig. Filosofische onderzoekingen, Uitgeverij Boom, 2006.［邦訳：『哲学探究』丘沢静也訳、岩波書店、ほか］
12 Hearne, Vicki. Animal Happiness, Perennial, 1995.
13 Martelaere, P. de. Het dubieuze denken, Kok/Agora, Kampen, 1996.
14 Descartes, René. Meditaties, Uitgeverij Boom, 1989.［邦訳：『省察』山田弘明訳、筑摩書房、ほか］
15 Smith, J. David *et al.* 'Executive-attentional uncertainty responses by rhesus macaques（Macaca mulatta）', *Journal of Experimental Psychology: General* 142.2, 2013, p. 458.
16 Nagel, Thomas. 'What is it like to be a bat?', Philosophical Review 83.4, 1974, pp. 435–50.［邦訳：『コウモリであるとはどのようなことか』永井均訳、勁草書房の第12章に収録］
17 Derrida, Jacques, and Mallet, Marie-Louise. The Animal That Therefore I Am, Fordham University Press, 2008.
18 Smuts, Barbara. 'Encounters with animal minds', *op. cit.*

第5章　構造、文法、解読

1 Mather, Jennifer A. 'Cephalopod consciousness: behavioural evidence', *Consciousness and Cognition* 17.1, 2008, pp. 37–48.
2 Finn, Julian K., Tregenza, Tom and Norman, Mark D. 'Defensive tool use in a coconut-carrying octopus', *Current Biology* 19.23, 2009, https://doi.org/10.1016/j.cub.2009.10.052.［2020年1月にアクセス］
3 Moynihan, Martin and Rodaniche, Arcadio F. 'The behavior and natural history of the Caribbean Reef Squid Sepioteuthis sepioidea with a consideration of social, signal, and defensive patterns for difficult and dangerous environments', Fortschritte der Verhaltensforschung, 1982.
4 Slobodchikoff, Con. Chasing Doctor Dolittle: Learning the Language of Animals, Macmillan, 2012.
5 De Saussure, Ferdinand. Cours de Linguistique Générale: Edition Critique, Vol. 1, Otto Harrassowitz Verlag, 1989.［邦訳：『新訳ソシュール一般言語学講義』町田健訳、研究社、ほか］
6 Slobodchikoff, Con, Chasing Doctor Dolittle, *op. cit.*, Chapter 3を参照のこと。チョムスキーはもちろん、これに同意していない。彼は言語が人間だけに生じるものであり、主にコミュニケーションを

Animal Resistance, AK Press, 2010.
36 Hribal, Jason. 'Animals, agency, and class: writing the history of animals from below', *Human Ecology Review* 14.1, 2007, pp. 101–12.
37 Wadiwel, Dinesh. 'Do fish resist?', Human Rights and Animal Ethics Research Network, University of Melbourne, 8 December 2014.
38 ティリクムとシーワールド・オーランドについては、ドキュメンタリー映画の Blackfish(『ブラックフィッシュ』)を参照のこと。
39 Irvine, Leslie. 'The power of play', *Anthrozoös* 14.3, 2001, pp. 151–60.
40 Montaigne, Michel de. De essays, Singel Uitgeverijen, 2014.

第4章 体で考える

1 Despret, Vinciane. 'The body we care for: figures of anthropo-zoo-genesis', *Body & Society* 10.2–3, 2004, p. 111–34.
2 Skinner, B. F. About Behaviorism, Vintage, 2011. [邦訳:『行動工学とはなにか――スキナー心理学入門』犬田充訳、佑学社』]
3 Chomsky, Noam. Syntactic Structures, Walter de Gruyter, 2002. [邦訳:『統辞構造論』福井直樹ほか訳、岩波書店』
4 Smuts, Barbara. 'Encounters with animal minds', *Journal of Consciousness Studies* 8.5–7, 2001, pp. 293–309.
5 Candea, Matei. '"I fell in love with Carlos the meerkat": Engagement and detachment in human–animal relations', *American Ethnologist* 37.2, 2010, pp. 241–58.
6 Despret, Vinciane. 'The becomings of subjectivity in animal worlds', *Subjectivity* 23.1, 2008, pp. 123–39.
7 Goodall, Jane. The Chimpanzees of Gombe: Patterns of Behavior, Belknap Press of Harvard University Press, 1986. [邦訳:『野生チンパンジーの世界』杉山幸丸ほか訳、ミネルヴァ書房]
8 たとえば、ワタリガラスの愛情については、Heinrich, Bernd, Mind of the Raven: Investigations and Adventures with Wolf-birds, Cliff Street Books を、また、クジラの愛情については、Würsig, Bernd, 'Leviathan love', The Smile of a Dolphin: Remarkable Accounts of Animal Emotions, Random House/Discovery Books, 2000, pp. 62–5 を参照のこと。
9 Merleau-Ponty, Maurice. Fenomenologie van de waarneming, transl. Tiemersma, Douwe and Vlasblom, Rens, Uitgeverij Boom, 2009. [邦訳:『知覚の現象学』中島盛夫訳、法政大学出版局]

Journal of Osteoarchaeology, 2015.
25 Perry-Gal, Lee *et al*. 'Earliest economic exploitation of chicken outside East Asia: evidence from the Hellenistic Southern Levant', *Proceedings of the National Academy of Sciences* 112.32, 2015, pp. 9849–54.
26 Marino, Lori and Colvin, Christina M. 'Thinking Pigs: A Comparative Review of Cognition, Emotion, and Personality in Sus domesticus', *International Journal of Comparative Psychology* 28, 2015, https://escholarship.org/uc/item/8sx4s79c. [2020年1月にアクセス]
27 Smith, Carolynn L. and Johnson, Jane. 'The Chicken Challenge: what contemporary studies of fowl mean for science and ethics', *Between the Species* 15.1, 2012, pp. 75–102.
28 Rogers, Lesley J. The Development of Brain and Behaviour in the Chicken, CAB International, 1995.
29 Davis, Karen. 'The social life of chickens' in Experiencing Animal Minds: An Anthology of Animal-Human Encounters, ed. Smith, Julie A. and Mitchell, Robert W., Columbia University Press, 2012.
30 Rogers, Lesley J. The Development of Brain and Behaviour in the Chicken, Wallingford, Oxfordshire, 1995, p. 48; Smith, Colin. 'Bird brain? Birds and humans have similar brain wiring', Science Daily, 2013, https://www.sciencedaily.com/releases/2013/07/130717095336.htm. [2020年1月にアクセス]
31 Despret, Vinciane. 'Sheep do have opinions' in Latour, B. and Weibel, P. (eds), Making Things Public: Atmospheres of Democracy, MIT Press, 2006, pp. 360–70.
32 Proctor, H. S. 'Measuring positive emotions in dairy cows using ear postures', http://www.researchgate.net/profile/Helen_Proctor/publication/268743762_Do_ear_postures_indicate_positive_emotional_state_in_dairy_cows/links/5475f3720cf29afed612ec7b.pdf. [2020年1月にアクセス]
33 Wathan, Jennifer and McComb, Karen. 'The eyes and ears are visual indicators of attention in domestic horses', *Current Biology* 24.15, 2014, https://doi.org/10.1016/j.cub.2014.06.023. [2020年1月にアクセス]
34 Hribal, Jason. '"Animals are part of the working class": a challenge to labor history', *Labor History* 44.4, 2003, pp. 435–53.
35 Hribal, Jason. Fear of the Animal Planet: The Hidden History of

宣言――犬と人の「重要な他者性」』永野文香訳、以文社］を参照のこと。
11　Donaldson, Sue and Kymlicka, Will, Zoopolis, *op. cit.*［邦訳：『人と動物の政治共同体』］
12　Haraway, Donna Jeanne, The Companion Species Manifesto, *op. cit.*［邦訳：『伴侶種宣言』］
13　Howard, Len. Birds as Individuals, Doubleday, 1953［邦訳：『小鳥との語らい』斎藤隆史ほか訳、思索社］; Howard, Len. Living with Birds, Collins, 1956.
14　Lorenz, Konrad and Kerr, Marjorie. King Solomon's Ring: New Light on Animal Ways, Psychology Press, 2002.［邦訳：『ソロモンの指環――動物行動学入門』日高敏隆訳、早川書房］
15　Lorenz, Konrad, Martys, Michael and Tipler, Angelika. Here Am I – Where Are You?: The Behavior of the Greylag Goose, Collins, 1992.
16　Turner, Dennis C. The Domestic Cat: The Biology of Its Behaviour, Cambridge University Press, 2000.［邦訳：『ドメスティック・キャット――その行動の生物学』武部正美ほか訳、チクサン出版社］
17　Alger, Janet M. and Alger, Steven F. Cat Culture: The Social World of a Cat Shelter, Temple University Press, 2003.
18　Alger, Janet M. and Alger, Steven F. 'Beyond mead: symbolic interaction between humans and felines', *Society & Animals* 5.1, 1997, pp. 65–81.
19　同上。
20　See the BBC documentary The Secret Life of the Cat（2013）for an illustration: http://www.bbc.com/news/science-environment-22821639［2020年1月にアクセス］
21　Smith, Julie Ann. 'Beyond dominance and affection: living with rabbits in post-humanist households', *Society & Animals* 11.2, 2003, pp. 181–97.
22　Thomas, Elizabeth Marshall. The Hidden Life of Dogs, Houghton Mifflin Harcourt, 2010.［邦訳：『犬たちの隠された生活』深町眞理子訳、草思社］
23　Kerasote, Ted. Merle's Door, Houghton Mifflin Harcourt, 2008.［邦訳：『マールのドア――大自然で暮らしたぼくと犬』古草秀子訳、河出書房新社］
24　Van Neer, Wim *et al.* 'Traumatism in the wild animals kept and offered at predynastic Hierakonpolis, Upper Egypt', *International*

76 Gentner, Timothy Q. *et al*. 'Recursive syntactic pattern learning by songbirds', *Nature* 440.7088, 2006, pp. 1204–7.

第3章 動物とともに生きる

1 Pilley, John W. and Reid, Alliston K. 'Border collie comprehends object names as verbal referents', *Behavioural Processes* 86.2, 2011, pp. 184–95.

2 Pilley, John W. 'Border collie comprehends sentences containing a prepositional object, verb, and direct object', *Learning and Motivation* 44.4, 2013, pp. 229–40.

3 Kaminski, Juliane, Call, Josep and Fischer, Julia. 'Word learning in a domestic dog: evidence for fast mapping', *Science* 304.5677, 2004, pp. 1682–3.

4 イヌについての研究で、ここに記載した事例すべてに関しては、Hare, Brian and Woods, Vanessa, The Genius of Dogs: Discovering the Unique Intelligence of Man's Best Friend, Oneworld Publications, 2013［邦訳：『あなたの犬は「天才」だ』］を参照のこと。

5 Miller, Suzanne C. *et al*. 'An examination of changes in oxytocin levels in men and women before and after interaction with a bonded dog', *Anthrozoös* 22.1, 2009, pp. 31–42.

6 Hearne, Vicki. Adam's Task: Calling Animals by Name, Skyhorse Publishing Inc., 1986.［邦訳：『人が動物たちと話すには？』川勝彰子ほか訳、晶文社］

7 Heidegger, Martin. Zijn en tijd, transl. Wildschut, Mark, Uitgeverij Boom, 1998.

8 Von Uexküll, Jakob. Umwelt und Innenwelt der Tiere, Springer-Verlag, 2014.［邦訳：『動物の環境と内的世界』前野佳彦訳、みすず書房］

9 King, Barbara J. 'When animals mourn', *Scientific American* 309.1, 2013, pp. 62–7.

10 家畜化の理論については、たとえばDonaldson, Sue and Kymlicka, Will, Zoopolis: A Political Theory of Animal Rights, Oxford University Press, 2011［邦訳：『人と動物の政治共同体――「動物の権利」の政治理論』青木人志ほか訳、尚学社］を参照のこと。家畜化とネオテニーについての議論については、Haraway, Donna Jeanne, The Companion Species Manifesto: Dogs, People, and Significant Otherness, Vol. 1, Chicago: Prickly Paradigm Press, 2003［邦訳：『伴侶種

subordinate male lance-tailed manakins', *American Naturalist* 169.4, 2007, pp. 423–32.
62 Martin-Wintle, Meghan S. *et al.* 'Free mate choice enhances conservation breeding in the endangered giant panda', *Nature Communications* 6, 2015, https://doi.org/10.1038/ncomms10125.［2020年1月にアクセス］
63 http://www.bbc.com/news/blogs-news-from-elsewhere-34733258［2020年1月にアクセス］
64 Foelix, Rainer. Biology of Spiders, Oxford University Press, 2010.
65 Hebets, Eileen A., Stratton, Gail E. and Miller, Gary L. 'Habitat and courtship behavior of the wolf spider Schizocosa retrorsa（Banks）（Araneae, Lycosidae）', *Journal of Arachnology,* 1996, pp. 141–7.
66これらの事例すべてについては、Slobodchikoff, Con., Chasing Doctor Dolittle, *op. cit.*, Chapter 7を参照のこと。
67 Darwin, Charles, Ekman, Paul and Prodger, Philip. The Expression of the Emotions in Man and Animals, Oxford University Press, USA, 1998.［邦訳：『人及び動物の表情について』浜中浜太郎訳、岩波書店］
68 Reby, David and McComb, Karen. 'Vocal communication and reproduction in deer', *Advances in the Study of Behavior* 33, 2003, pp. 231–64.
69 Reby, David *et al.* 'Red deer stags use formants as assessment cues during intrasexual agonistic interactions', Proceedings of the Royal Society of London B: *Biological Sciences* 272.1566, 2005, pp. 941–7.
70 Compton, L. A. *et al.* 'Acoustic characteristics of white-nosed coati vocalizations: a test of motivation-structural rules', *Journal of Mammalogy* 82.4, 2001, pp. 1054–8.
71 Slobodchikoff, Con, Chasing Doctor Dolittle, *op. cit.*, Chapter 2を参照のこと。
72 Enard, Wolfgang *et al.* 'Molecular evolution of FOXP2, a gene involved in speech and language', *Nature* 418.6900, 2002, pp. 869–72.
73 Emery, Nathan J. and Clayton, Nicola S. 'Comparing the complex cognition of birds and primates', *Comparative Vertebrate Cognition,* 2004, pp. 3–55.
74 Bekoff, Marc. Minding Animals: Awareness, Emotions, and Heart, Oxford University Press, 2002.
75 Hockett, Charles F. 'A system of descriptive phonology', *Language* 18.1, 1942, pp. 3–21.

spotted bowerbird: specialized functions for different bower decorations', *Animal Behaviour* 49.5, 1995, pp. 1291–1301.
50 Pickering, S. P. C. and Berrow, S. D. 'Courtship behaviour of the wandering albatross Diomedea exulans at Bird Island, South Georgia', *Marine Ornithology* 29.1, 2001, pp. 29–37.
51 Moynihan, Martin and Rodaniche, Arcadio F. 'The Behavior and Natural History of the Caribbean Reef Squid（Sepioteuthis sepioidea）', *Animal Behaviour* 31.3, 1983, https://doi.org/10.1016/S0003-3472（83）80263-2. ［2020年1月にアクセス］
52 Siebeck, Ulrike E. 'Communication in coral reef fish: the role of ultraviolet colour patterns in damselfish territorial behaviour', *Animal Behaviour* 68.2, 2004, pp. 273–82.
53 Dixson, Danielle L., Abrego, David and Hay, Mark E. 'Chemically mediated behavior of recruiting corals and fishes: a tipping point that may limit reef recovery', *Science* 345.6199, 2014, pp. 892–7.
54 Marshall, Justin. 'Why are animals colourful? Sex and violence, seeing and signals', Colour: Design & Creativity 5, 2010, pp. 1–8.
55 Ghazali, Shahriman Mohd. Fish Vocalisation: Understanding Its Biological Role from Temporal and Spatial Characteristics, Diss, ResearchSpace, Auckland, 2011.
56 Amorim, Maria Clara C. F. Pessoa de. Acoustic Communication in Triglids and Other Fishes, Diss., University of Aberdeen, 1996.
57 Rowe, S. and Hutchings, Jeffrey Alexander. 'A link between sound producing musculature and mating success in Atlantic cod', *Journal of Fish Biology* 72.3, 2008, pp. 500–11.
58 Radford, Craig A. *et al*. 'Vocalisations of the bigeye Pempheris adspersa: characteristics, source level and active space', *Journal of Experimental Biology* 218.6, 2015, pp. 940–8.
59 Murai, Minoru, Goshima, Seiji and Henmi, Yasuhisa. 'Analysis of the mating system of the fiddler crab, Uca lactea', *Animal Behaviour* 35.5, 1987, pp. 1334–42.
60 Martinez, Francisco and Durham, Bill. 'Advantages of Reproductive Synchronization in the Caribbean Flamingo', https://socobilldurham.stanford.edu/sites/default/files/soco_-_advantages_of_reproductive_synchronization_in_the_caribbean_flamingo.pdf ［2020年1月にアクセス］
61 DuVal, Emily H. 'Adaptive advantages of cooperative courtship for

affecting mirror behaviour in western lowland gorillas, Gorilla gorilla', *Animal Behaviour* 57.5, 1999, pp. 999–1004.
37 Swartz, K. B. and Evans, S. 'Social and cognitive factors in chimpanzee and gorilla mirror behaviour and self-recognition' in Parker, S. T., Mitchell, R. W. and Boccia, M. L. (eds), Self-awareness in Animals and Humans: Developmental Perspectives, Cambridge University Press, 1994, pp. 189–206.
38 Broesch, T. *et al.* 'Cultural variations in children's mirror self-recognition', *Journal of Cross-Cultural Psychology* 42.6, 2011, pp. 1018–29.
39 Bekoff, Marc. 'Observations of scent-marking', *op. cit.*
40 Bruckstein, Alfred M. 'Why the ant trails look so straight and nice', *Mathematical Intelligencer* 15.2, 1993, pp. 59–62.
41 Jarau, Stefan. 'Chemical communication during food exploitation in stingless bees' in Jarau, Stefan and Hrncir, Michael (eds), Food Exploitation by Social Insects: Ecological, Behavioral, and Theoretical Approaches, CRC Press, 2009, pp. 223–49.
42 Wilkinson, Gerald S. 'Reciprocal food sharing in the vampire bat', *Nature* 308.5955, 1984, pp. 181–4.
43 Kunz, T. H. *et al.* 'Allomaternal care: helper-assisted birth in the Rodrigues fruit bat, Pteropus rodricensis (Chiroptera: Pteropodidae) ', *Journal of Zoology* 232.4, 1994, pp. 691–700.
44 Normand, Emmanuelle, Dagui Ban, Simone and Boesch, Christophe. 'Forest chimpanzees (Pan troglodytes verus) remember the location of numerous fruit trees', *Animal Cognition* 12.6, 2009, pp. 797–807.
45 Lührs, Mia-Lana *et al.* 'Spatial memory in the grey mouse lemur (Microcebus murinus) ', *Animal Cognition* 12.4, 2009, pp. 599–609.
46 Shettleworth, Sara J. 'Spatial memory in food-storing birds', Philosophical Transactions of the Royal Society B: *Biological Sciences* 329.1253, 1990, pp. 143–51.
47 Dally, Joanna M., Emery, Nathan J. and Clayton, Nicola S. 'Food-caching western scrub-jays keep track of who was watching when', *Science* 312.5780, 2006, pp. 1662–5.
48 Peterson, Dale. The Moral Lives of Animals, Bloomsbury Publishing USA, 2012.
49 Borgia, Gerald. 'Complex male display and female choice in the

placed yellow snow', *Behavioural Processes* 55.2, 2001, pp. 75–9.
24 Slobodchikoff, Con. Chasing Doctor Dolittle, *op. cit.*
25 Corson, Trevor. The Secret Life of Lobsters: How Fishermen and Scientists Are Unraveling the Mysteries of Our Favorite Crustacean, HarperCollins, 2004.
26 Scott, Mitchell L. *et al.* 'Chemosensory discrimination of social cues mediates space use in snakes, Cryptophis nigrescens（Elapidae）', *Animal Behaviour* 85.6, 2013, pp. 1493–1500.
27 Miller, Ashadee Kay *et al.* 'An ambusher's arsenal: chemical crypsis in the puff adder（Bitis arietans）', *Proceedings of the Royal Society of London B*. 282.1821, 2015, https://doi.org/10.1098/rspb.2015.2182. [2020年1月にアクセス]
28 Young, Bruce A., Mathevon, Nicolas and Tang, Yezhong. 'Reptile auditory neuroethology: what do reptiles do with their hearing?', *Insights from Comparative Hearing Research*, 2014, pp. 323–46.
29 Palacios, V. *et al.* 'Recognition of familiarity on the basis of howls: a playback experiment in a captive group of wolves', *Behaviour* 152.5, 2015, pp. 593–614.
30 Hansen, Sara J. K. *et al.* 'Pairing call response surveys and distance sampling for a mammalian carnivore', *Journal of Wildlife Management* 79.4, 2015, pp. 662–71.
31 Déaux, Éloïse C. and Clarke, Jennifer A. 'Dingo（Canis lupus dingo）acoustic repertoire: form and contexts', *Behaviour* 150.1, 2013, pp. 75–101.
32 Salinas-Melgoza, Alejandro and Wright, Timothy F. 'Evidence for vocal learning and limited dispersal as dual mechanisms for dialect maintenance in a parrot', *PLoS One*, 2012, https://doi.org/10.1371/journal.pone.0048667. [2020年1月にアクセス]
33 Slobodchikoff, Con. Chasing Doctor Dolittle, *op. cit.*
34 Aplin, Lucy M. *et al.* 'Experimentally induced innovations lead to persistent culture via conformity in wild birds', *Nature* 518.7540, 2015, pp. 538–41.
35 Plotnik, Joshua M., Waal, Frans B. M. de and Reiss, Diana. 'Self-recognition in an Asian elephant', *Proceedings of the National Academy of Sciences* 103.45, 2006, https://doi.org/10.1073/pnas.0608062103. [2020年1月にアクセス]
36 Shillito, Daniel J., Gallup, Gordon G. and Beck, Benjamin. 'Factors

capensis', *Ibis* 90.4, 1948, pp. 568–72.
11 Fry, C. Hilary and Fry, Kathie. Kingfishers, Bee-eaters and Rollers, A&C Black, 2010.
12 Clayton, Nicola S., Dally, Joanna M. and Emery, Nathan J. 'Social cognition by food-caching corvids: the western scrub-jay as a natural psychologist', Philosophical Transactions of the Royal Society of London B: *Biological Sciences* 362.1480, 2007, pp. 507–22.
13 イヌ科動物のコミュニケーションと認知に関する詳しい情報は、Hare, Brian and Woods, Vanessa, The Genius of Dogs: Discovering the Unique Intelligence of Man's Best Friend, Oneworld Publications, 2013を参照のこと。［邦訳：『あなたの犬は「天才」だ』古草秀子訳、早川書房］
14 Slobodchikoff, Con. Chasing Doctor Dolittle, *op. cit.*
15 Smuts, Barbara B. and Watanabe, John M. 'Social relationships and ritualized greetings in adult male baboons（Papio cynocephalus anubis）', *International Journal of Primatology* 11.2, 1990, pp. 147–72.
16 Smuts, Barbara. 'Gestural communication in olive baboons and domestic dogs' in Bekoff, Marc, Allen, Colin and Burghardt, Gordon M.（eds）, The Cognitive Animal: Empirical and Theoretical Perspectives on Animal Cognition, MIT Press, 2002, pp. 301–6.
17 Allen, Colin and Bekoff, Marc. Species of Mind: The Philosophy and Biology of Cognitive Ethology, MIT Press, 1999.
18 Barton, Robert A. 'Animal communication: do dolphins have names?', *Current Biology* 16.15, 2006, https://doi.org/10.1016/j.cub.2006.07.002.［2020年1月にアクセス］
19 Burger, Joanna. The Parrot Who Owns Me: The Story of a Relationship, Villard, 2001.
20 Newman, John D. 'Squirrel monkey communication' in Handbook of Squirrel Monkey Research, Springer US, 1985, pp. 99–126.
21 Smith, Richard L. 'Acoustic signatures of birds, bats, bells, and bearings', Annual Vibration Institute Meeting, Dearborn, MI, 1998.
22 Burgener, Nicole *et al*. 'Do spotted hyena scent marks code for clan membership?', *Chemical Signals in Vertebrates* 11, 2008, pp. 169–77.
23 Bekoff, Marc. 'Observations of scent-marking and discriminating self from others by a domestic dog（Canis familiaris）: tales of dis-

47 Lameira, Adriano R. *et al.* 'Speech-like rhythm in a voiced and voiceless orangutan call', PLoS One 10.1, 2015, https://doi.org/10.1371/journal.pone.0116136.［2020年1月にアクセス］
48 Murayama, Tsukasa *et al.* 'Preliminary study of object labeling using sound production in a beluga', *International Journal of Comparative Psychology* 25.3, 2012, pp. 195–207.
49 Slobodchikoff, Con. Chasing Doctor Dolittle: Learning the Language of Animals, Macmillan, 2012.

第2章　生き物の世界の会話

1 プレーリードッグの言葉に関する詳しい情報は、Slobodchikoff, Constantine Nicholas, Perla, Bianca S. and Verdolin, Jennifer L., Prairie Dogs: Communication and Community in an Animal Society, Harvard University Press, 2009を参照のこと。
2 アメリカコガラとニワトリに関する詳しい情報は、Slobodchikoff, Con, Chasing Doctor Dolittle: Learning the Language of Animals, Macmillan, 2012を参照のこと。
3 Seyfarth, Robert M., Cheney, Dorothy L. and Marler, Peter. 'Vervet monkey alarm calls: semantic communication in a free-ranging primate', *Animal Behaviour* 28.4, 1980, pp. 1070–94.
4 Zuberbühler, Klaus. 'A syntactic rule in forest monkey communication', *Animal Behaviour* 63.2, 2002, pp. 293–9.
5 Flower, Tom. 'Fork-tailed drongos use deceptive mimicked alarm calls to steal food', Proceedings of the Royal Society of London B: *Biological Sciences* 278.1711, 2011, pp. 1548–55.
6 Breure, Abraham S. H. 'The sound of a snail: two cases of acoustic defence in gastropods', *Journal of Molluscan Studies* 81.2, 2015, pp. 290–3.
7 Boch, R. and Rothenbuhler, Walter C. 'Defensive behaviour and production of alarm pheromone in honeybees', *Journal of Apicultural Research* 13.4, 1974, pp. 217–21.
8 Vander Meer, Robert K. *et al.* Pheromone Communication in Social Insects: Ants, Wasps, Bees and Termites, Westview Press, 1998.
9 De Bruijn, P. J. A. Context-Dependent Chemical Communication, Alarm Pheromones of Thrips Larvae, PhD thesis, University of Amsterdam, 2015.
10 Gibson Hill, C. A. 'Display and posturing in the cape gannet, Morus

social-network dynamics and the potential for information flow in tool-using crows', *Nature Communications* 6, 2015; http://phys.org/news/2015-11-crows.html [2020年1月にアクセス]

37 Marzluff, John M. *et al*. 'Lasting recognition of threatening people by wild American crows', *Animal Behaviour* 79.3, 2010, pp. 699–707.

38 Healy, Susan D. and Krebs, John R. 'Food storing and the hippocampus in corvids: amount and volume are correlated', Proceedings of the Royal Society of London B: *Biological Sciences* 248.1323, 1992, pp. 241–5.

39 Pika, Simone and Bugnyar, Thomas. 'The use of referential gestures in ravens (Corvus corax) in the wild', *Nature Communications* 2, 2011.

40 Taylor, Alex H. *et al*. 'Complex cognition and behavioural innovation in New Caledonian crows', Proceedings of the Royal Society of London B: *Biological Sciences*, 277.1694, 2010, https://doi.org/10.1098/rspb.2010.0285; https://www.wimp.com/a-crow-solves-an-eight-step-puzzle. [どちらのウェブサイトも2020年1月にアクセス]

41 Swift, Kaeli. Wild American Crows Use Funerals to Learn about Danger, Diss., University of Washington, 2015. [https://digital.lib.washington.edu/researchworks/bitstream/handle/1773/33178/Swift_washington_0250O_14237.pdf?sequence = 1&isAllowed = y、2020年1月にアクセス]

42 Wittgenstein, Ludwig. Filosofische onderzoekingen, Uitgeverij Boom, 2006. [邦訳：『哲学探究』丘沢静也訳、岩波書店、ほか]

43 Gaita, Raimond. The Philosopher's Dog: Friendships with Animals, Random House, 2009.

44 Hare, Brian and Woods, Vanessa. The Genius of Dogs: Discovering the Unique Intelligence of Man's Best Friend, Oneworld Publications, 2013. [邦訳：『あなたの犬は「天才」だ』古草秀子訳、早川書房]

45 http://www.bbc.com/earth/story/20150216-can-any-animals-talk-like-humans [2020年1月にアクセス]

46 Musser, Whitney B. *et al*. 'Differences in acoustic features of vocalizations produced by killer whales cross-socialized with bottlenose dolphins', *Journal of the Acoustical Society of America* 136.4, 2014, pp. 1990–2002.

い気持ちのときに自分で命を絶つという事例証拠があると書いている。彼はゾウが鼻で逆立ちをしたり崖から踏み出して落ちたり、クジラが自分で浜へ乗り上げたり、地震後にネコが高いところから飛び降りたりした事例に言及している。また、ロバが自分の赤ん坊を失い、自分から水の中へ入っていき溺れた事例についても論じている。https://www.psychologytoday.com/blog/animal-emotions/201207/did-female-burro-commit-suicide を参照のこと。[2020年1月にアクセス]

24 BBC 製作のドキュメンタリーThe Girl Who Talked to Dolphins を参照のこと。

25 Herzing, Denise L. Dolphin Diaries: My 25 Years with Spotted Dolphins in the Bahamas, Macmillan, 2011.

26 Ridgway, Sam *et al.* 'Spontaneous human speech mimicry by a cetacean', *Current Biology* 22.20, 2012, https://doi.org/10.1016/j.cub.2012.08.044. [2020年1月にアクセス]

27 Pogrebnoj-Alexandroff, A. The True History or Who is Talking? An Elephant!, Lode Star Publishing, 1993.

28 Stoeger, Angela S. *et al.* 'An Asian elephant imitates human speech', *Current Biology* 22.22, 2012, pp. 2144–8.

29 険しい山間地帯には、口笛を言葉として使って、離れた場所にいる人々と連絡を取り合っている人々もいる。そうした言語の一例がシルボ・ゴメーロで、これはカナリア諸島のラ・ゴメラ島の住人の一部の間で使われている。

30 ゾウについての詳細は、ゾウ・リスニングプロジェクトのウェブサイト http://www.birds.cornell.edu/brp/elephant/ を参照のこと。[2020年1月にアクセス]

31 O'Connell, Caitlin. Elephant Don: The Politics of a Pachyderm Posse, University of Chicago Press, 2015.

32 Bradshaw, Isabel Gay A. 'Not by bread alone: symbolic loss, trauma, and recovery in elephant communities', *Society & Animals* 12.2, 2004, pp. 143–58.

33 Lorenz, Konrad and Kerr Wilson, Marjorie. King Solomon's Ring: New Light on Animal Ways, Psychology Press, 2002. [邦訳：『ソロモンの指環――動物行動学入門』日高敏隆訳、早川書房]

34 Westerfield, Michael: The Language of Crows, Ashford Press, 2012.

35 同上。

36 St Clair, James J. H. *et al.* 'Experimental resource pulses influence

gy 45.5, 1952, pp. 450–9.
10 Gardner, Allen and Gardner, Beatrix. Teaching Sign Language to the Chimpanzee Washoe, Penn State University, Psychological Cinema Register, 1973.
11 Hess, Elizabeth. Nim Chimpsky: The Chimp Who Would Be Human, Bantam, 2008.
12 Savage-Rumbaugh, E. Sue, Rumbaugh, Duane M. and Boysen, Sarah. 'Do apes use language? One research group considers the evidence for representational ability in apes', *American Scientist,* 1980, pp. 49–61.
13 Patterson, Francine G. 'The gestures of a gorilla: language acquisition in another pongid', *Brain and Language* 5.1, 1978, pp. 72–97.
14 http://www.koko.org/conservation/michaels-story［2020年3月にアクセス］
15 Patterson, F. and Gordon, W. 'Twenty-seven years of Project Koko and Michael', All Apes Great and Small 1, 2002, pp. 165–76.
16 Savage-Rumbaugh, Sue, Shanker, Stuart G. and Taylor, Talbot J. Apes, Language, and the Human Mind, Oxford University Press, 1998.
17 Hearne, Vicki. Adam's Task: Calling Animals by Name, Skyhorse Publishing Inc., 1986.［邦訳：『人が動物たちと話すには？』川勝彰子・山下利枝子・小泉美樹訳、晶文社］
18 Nishimura, Takeshi *et al*. 'Descent of the larynx in chimpanzee infants', *Proceedings of the National Academy of Sciences* 100.12, 200, pp. 6930–3.
19 Hobaiter, Catherine and Byrne, Richard W. 'The meanings of chimpanzee gestures', *Current Biology* 24.14, 2014, pp. 1596–1600.
20 Roberts, Anna Ilona *et al*. 'Chimpanzees modify intentional gestures to coordinate a search for hidden food', *Nature Communications* 5, 2014.
21 Leeuwen, Edwin J. C. van, Cronin, Katherine A. and Haun, Daniel B. M. 'A group-specific arbitrary tradition in chimpanzees（Pan troglodytes）', *Animal Cognition* 17.6, 2014, pp. 1421–5.
22 Lilly, John Cunningham. Man and Dolphin, Doubleday, 1961.［邦訳：『人間とイルカ——異種間コミュニケーションのとびらをひらく』川口正吉訳、学習研究社］
23 動物の自殺についてはこれまでに研究がほとんどなされていない。動物行動学者のMarc Bekoff（2012）はブログで、動物が深く悲し

13 Aristoteles, Politica, Historische Uitgeverij, 2012.［邦訳：『政治学、家政論』（アリストテレス全集17）、岩波書店、ほか］
14 The Philosophical Writings of Descartes: Volume 3, The Correspondence, Cambridge University Press, 1991より、デカルトがニューカッスル・アポン・タイン公爵に宛てた書簡，23 November 1646を参照のこと。
15 Kant, Immanuel. Grondslagen van de ethiek, Boom, Amsterdam/Meppel, 1978.［邦訳：『道徳形而上学の基礎づけ』中山元訳、光文社、ほか)］
16 Heidegger, Martin. The Fundamental Concepts of Metaphysics: World, Finitude, Solitude, Indiana University Press, 2001.［邦訳：『形而上学入門』川原栄峰訳、平凡社、ほか］
17 デカルトがニューカッスル・アポン・タイン公爵に宛てた書簡，23 November 1646, *op. cit.* を参照のこと。

第1章 人間の言葉で話す

1 http://www.nrc.nl/ik/2015/01/26/hoest/［2020年1月にアクセス］
2 Pepperberg, Irene M. The Alex Studies: Cognitive and Communicative Abilities of Grey Parrots, Harvard University Press, 2009.［邦訳：『アレックス・スタディ――オウムは人間の言葉を理解するか』渡辺茂・山崎由美子・遠藤清香訳、共立出版］
3 Burger, Joanna. The Parrot Who Owns Me: The Story of a Relationship, Villard, 2001.
4 Lorenz, Konrad and Kerr Wilson, Marjorie. King Solomon's Ring: New Light on Animal Ways, Psychology Press, 2002.［邦訳：『ソロモンの指環――動物行動学入門』日高敏隆訳、早川書房］
5 Chartrand, Tanya L. and Baaren, Rick B. van. 'Human mimicry', *Advances in Experimental Social Psychology* 41, 2009, pp. 219–74.
6 Baaren, Rick B. van *et al*. 'Mimicry and prosocial behavior', *Psychological Science* 15.1, 2004, pp. 71–4.
7 Iacoboni, Marco. 'Imitation, empathy, and mirror neurons', *Annual Review of Psychology* 60, 2009, pp. 653–70.
8 Kellogg, W. N. and Kellogg, L. A. The Ape and the Child, Anthropoid Experiment Station of Yale University, 1932.
9 Hayes, Keith J. and Hayes, Catherine. 'Imitation in a home-raised chimpanzee', *Journal of Comparative and Physiological Psycholo-*

引用文献

序論

1　マンティス・シュリンプとマーモセットを除いて、この段落の事例にはのちに触れ、さらに深く検討する。

2　Thoen, Hanne H. *et al*. 'A different form of color vision in mantis shrimp', *Science* 343.6169, 2014, pp. 411–13.

3　Albuquerque, Natalia *et al*. 'Dogs recognize dog and human emotions', *Biology Letters* 12.1, 2016, https://doi.org/10.1098/rsbl.2015.0883.［2020年1月にアクセス］

4　Takahashi, Daniel Y., Narayanan, Darshana Z. and Ghazanfar, Asif A. 'Coupled oscillator dynamics of vocal turn-taking in monkeys', *Current Biology* 23.21, 2013, pp. 2162–8.

5　Allen, Colin and Bekoff, Marc. Species of Mind: The Philosophy and Biology of Cognitive Ethology, MIT Press, 1999.

6　性差別と種差別の接点については、たとえばAdams, Carol J., The Sexual Politics of Meat: A Feminist-Vegetarian Critical Theory, A&C Black, 2010を参照のこと。

7　Wittgenstein, Ludwig: Filosofische onderzoekingen, Uitgeverij Boom, 2006.［邦訳：『哲学探究』丘沢静也訳、岩波書店、ほか］

8　Derrida, Jacques and Mallet, Marie-Louise. The Animal That Therefore I Am, Fordham University Press, 2008.

9　Kleczkowska, Katarzyna. 'Those who cannot speak: animals as others in ancient Greek thought', Maska 24, 2014, pp. 97–108.

10　上述のとおり、私は伝統的な西洋哲学における動物について論じている。ほかの文化の言語の役割についての議論と、人間以外の動物との関係に関してのそれの影響については、Abram, David, The Spell of the Sensuous: Perception and Language in a More-than-Human World, Vintage, 1997を参照のこと。［邦訳：『感応の呪文――「人間以上の世界」における知覚と言語』結城正美訳、論創社］

11　動物に対する言語差別についての包括的議論は、Dunayer, Joan, Animal Equality: Language and Liberation, Ryce, Derwood MD, 2001を参照のこと。

12　Waal, Frans de. 'Anthropomorphism and anthropodenial: consistency in our thinking about humans and other animals', *Philosophical Topics* 27.1, 1999, pp. 255–80.

索 引

著者
エヴァ・メイヤー（Eva Meijer）
アーティスト、作家、哲学者、シンガーソングライター。4つの小説で賞をとっており、世界中で翻訳されている。短篇と詩はオランダとベルギーの文芸雑誌に掲載された。また、アムステルダム大学で動物哲学を教える。動物倫理学、Minding Animals The NetherlandsのオランダOZSW研究グループの議長。アムステルダム在住。

訳者
安部恵子（あべけいこ）
翻訳者。慶應義塾大学理工学部物理学科卒業。訳書に、アリソン・マシューズ・デーヴィッド『死を招くファッション』（化学同人）、エド・ヨン『世界は細菌にあふれ、人は細菌によって生かされる』、セス・ホロウィッツ『「音」と身体の不思議な関係』（以上は柏書房）、ヒュー・オールダシー＝ウィリアムズ『元素をめぐる美と驚き』（共訳、早川書房）ほか。

言葉を使う動物たち

2020年5月 8 日第1刷発行
2020年9月10日第2刷発行

著　者　エヴァ・メイヤー
翻　訳　安部恵子
発行者　富澤凡子
発行所　柏書房株式会社
東京都文京区本郷2-15-13（〒113-0033）
電話（03）3830-1891［営業］
（03）3830-1894［編集］
装　丁　加藤愛子（オフィスキントン）
イラスト　荒木みなみ
D T P　有限会社一企画
印　刷　萩原印刷株式会社
製　本　株式会社ブックアート

ISBN978-4-7601-5233-9　C0045